天文学讲座

[日]谷口义明　著

何伊文　译

SPM 南方传媒 | 广东人民出版社

·广州·

图书在版编目（CIP）数据

天文学讲座 /（日）谷口义明著；何伊文译. —广州：广东人民出版社，2023.4
ISBN 978-7-218-16260-7

Ⅰ.①天… Ⅱ.①谷… ②何… Ⅲ.①星系—普及读物 Ⅳ.①P152-49

中国版本图书馆CIP数据核字（2022）第235309号

TIANWENXUE JIANGZUO
天文学讲座
［日］谷口义明 著 何伊文 译

出 版 人：肖风华

责任编辑：陈泽洪
责任技编：吴彦斌 周星奎

出版发行：广东人民出版社
地 址：广州市越秀区大沙头四马路10号（邮政编码：510199）
电 话：（020）85716809（总编室）
传 真：（020）83289585
网 址：http: //www. gdpph. com
印 刷：三河市龙大印装有限公司
开 本：787 毫米 × 1092 毫米 1/32
印 张：9 字 数：150千
版 次：2023年4月第1版
印 次：2023年4月第1次印刷
定 价：45.00元

如发现印装质量问题，影响阅读，请与出版社（020-87712513）联系调换。
售书热线：（020）87717307

前 言

从平成到令和，无数人曾畅想即将到来的是怎样一个新纪元。但新冠病毒的肆虐却让我们的生活方式发生了天翻地覆的变化。

紧急事态宣言发布后，人们无法正常去公司上班，居家办公成了大势所趋，线上会议趋于平常，出差更是不可能了。在此之前，从未想象过远程办公竟会在我的生活中这么有存在感。

戴口罩，多漱口，勤洗手，常消毒。这样的流程仿佛照章办事一般，每天都在重复。

与此同时，新的口号也出现了。“请避免因不要不急（不重要、不紧急）的事由外出”这句话整日回响在耳边。

不要不急——一直过着普普通通小日子的我从未听过这种说法。为了弄清楚它的意义，我还专门查了词典，上面是这么说的：

不要（不重要）：形容不需要、无用之物，不要做之事，即毫无用处。

不急（不紧急）：形容不着急、不迫切之事。

不要不急，也就是指并不必要之事，并不紧迫之务。

我们是不是忘记了太多重要的事，反而将宝贵的时间都浪费在无用的地方了呢?

回顾过去的生活，这种情况确实是存在的。人类说不定就是一种神奇的生物，偏偏会在无用和不紧急的事情上加倍倾注心力。

庄子曾提出“无用之用”，即有些被我们看作无用的东西反而有极高的价值。我们总是对他人不甚关注，却对自己的事斤斤计较。古往今来，不乏在意识到这一点后取得巨大成功的人。每每阅读诺贝尔奖获得者的事迹时，我便会产生这样的感觉。也许，有时候我们确实需要掌握一些跳出常识禁锢的生活方式吧。

不管怎样，新冠肺炎疫情总有结束的一天。而我们，也是时候转变传统的生活方式了。

最近在电视上看到一档节目，其中讲到“享受什么都不做的乐趣”，比如往阳台的沙发上一躺，喝着茶悠闲度日；或在附近的小树林中漫无目的地散步……类似种种，都是消磨时间的方式之一。

这种时刻最重要的就是将大脑放空。如果这种将不重要、不紧急的事抛诸脑后的生活方式真的存在，我一定要试试看。

作为一名天文学者，我的主要研究对象是星系。在某一刻灵光乍现时，我忽然意识到，星系的生活不正是如此优哉游哉的吗？

因此，本书将聚焦宇宙星系，向这个抛却一切不重要、不紧急之事的神秘世界请教一些问题，我将本书命名为《天文学讲座》。

谷口义明

于仙台家中

目 录

CATALOGUE

第一章　向星空的世界进发

第二章 星云与星系

第三章 满满当当的星系

第四章　独特的星系生活

第五章　宇宙讨厌复杂

第六章　从旋涡星系看星系的生存

第七章　从椭圆星系看星系的生存

第八章　星系的饮食

第九章　居家不出是常态

第十二章　追寻与未知的邂逅

第一章

向星空的世界进发

1-1 星空的世界

眺望夜空

当代人已经很少有机会安然自得地眺望夜空了，街灯早已经掩去了星空的璀璨。即便我们还能抬头望见月亮，夜空中可见的星星也屈指可数。

作为太阳系的行星，金星的身姿清晰可见，它是日暮时西方天空的长庚星，拂晓时东方天空的启明星。其他比较明亮的是木星、火星、土星等行星，这些行星的亮度比 1 等星更高，即使是街上的灯光也无法掩盖它们的闪烁。

作为天文学者，我曾出差前往昴星团望远镜的所在地夏威夷莫纳克亚山（海拔 4200 米）进行观测工作，在那里，我有幸欣赏到了无比美丽的星空。可在我家——宫城县仙台市，尽管繁华程度比不上东京，却还是因为市区炫目的灯火而无法感受夜空的美丽。

孩童时代，我曾在北海道旭川市居住。那时候我家朝向市区外缘，夜里总能欣赏到美妙景色。50 年前的那个时代尚有大自然的气息留存于世。

话虽如此，今天的我们还是能找到一些没有被灯光影响、空气清新的地方去眺望夜空，欣赏漫天繁星和迢迢银河（图 1-1）。

图 1–1　夜空中的银河

被派往小行星“丝川”提取物质的 JAXA 所属小行星探测器“隼鸟”返回地球时，观测其密封舱再次进入大气层时拍到的景象。（提供：大西浩次，拍摄地点：澳大利亚库伯佩迪，时间：2010 年 6 月 13 日）

望着这样的星空，想必一切不重要、不紧急的事都能抛在脑后吧，偶尔也好想在这样的星空下度过一段怡然自得的时光啊！

漫天繁星的世界

图 1-1 展示的虽然不是银河里的全部星星，我却依旧为其数量之多而惊叹不已。银河不愧是星星的世界。

距今 100 年前的夜空比现在更美。著名童话作家、诗人宫泽贤治（1896—1933，后文谨称为贤治）无比钟爱家乡岩手县花卷市的夜空。贤治在念中学时就对宇宙产生了好奇，贤治的弟弟宫泽清六曾在《兄长的旅行箱》（筑摩文库，1991 年，21—22 页）中写道：

> 最近，大我九岁的哥哥去北边离家十里的盛冈中学寄宿上学了，时不时会趁着放假回家一趟。我渐渐发现我们的爱好完全不一样了。
>
> …… ……
>
> 哥哥应该是从那时起就开始沉迷星座的，他黄昏时分爬上屋顶，经常待在上面很久都不下来。那时候哥哥总爱看一张用厚卡纸做成的星座图，那是一张全黑的图，上面满满地印着白色的星座，拿在手上一圈圈转着看就能认出那晚星星的位置。

在我看来，爬上屋顶看星空并不属于那些需要避免的不重要、不紧急的外出。因为既然没有旁人，就不会对他人造成干扰。贤治每天晚上在屋顶眺望神秘的星空，想必乐在其中。

贤治于明治四十二年（1909 年）进入盛冈中学读书。这不禁让我想起诗人中村草田男（1901—1983）的一句俳句：

降る雪や明治は遠くなりにけり

（雪落而明治渐远）

据称，这首俳句作于昭和六年（1931 年）。对于当代人而言，大正、昭和都已是遥远的过去，马虎算来，平成也已成为过去的历史。

而夜空耀眼如故。趁现在，去往能看见美丽夜空的地方，用自己的眼睛去欣赏那耀目的光芒吧！

1-2 星座与星群

星星的群落

眺望夜空，我们能看到亮度不一的星星，它们组合成各种形状分布在空中。人们将一些形状特殊的星星组合并指名为星座，以期拉近人类与星空的距离。古希腊时期（公元前 9 世纪）便已发现了猎户座等星座。星座集中分布在北半球能见的北方天空中，其名称多数来自古希腊神话。

为北方天空众星座奠定基础的是克罗狄斯·托勒密（约 83—168）划定的 48 个星座（托勒密 48 星座）。16 世纪大航海时代来临后，为了夜间航海安全性，南半球可见的、南方天空中的星座也需要划定。从那以后，南方天空的星座也逐渐被确定下来。

如今，天空中公认存在的星座有 88 个。为避免混乱，国际天文学联合会于 1922 年对它们进行了统一。天空中虽然有如天蝎座和天鹅座这种名称与形状相互吻合的组合存在，但还有更多的星座不能仅凭观察其星星分布就与名字联系上。

因此，我们将一眼便可分辨出的那些独特组合称为星群，以此来加深大众对其的印象。众所周知的“北斗七星”便是其中一例。

北斗七星并非星座的名称，而是在“大熊座”之中的七颗排成勺子形状、较为明亮的星星。有多少人知道北斗七星其实位于“大熊座”中呢？即便不去做什么问卷调查，想必大家都会如此回答：

“您知道北斗七星吗？”

“当然。”

“您知道‘大熊座’吗？”

“不知道。”

对于大多数人来说，星群比星座更耳熟能详。这是因为人类的眼睛在识别形状上更具优势。

观察星星的排列组合，有个特定的印象，再起一个专属自己的星座名或星群名想必也是一种乐趣。不知不觉间，你将推开走向宇宙的那扇门。

夏夜的星群

在图 1–2 中，我们可以看到夏夜的全景，这张照片中应该也有各位读者所熟知的星星：

- 北斗七星
- 包含北极星的小北斗七星
- “W”形的仙后座
- 夏季大三角
- 春季大曲线

截至目前已经出现了五花八门的名字，但它们都不是星座的名称。和前文提到的北斗七星一样，这些名称都是星群的名字。

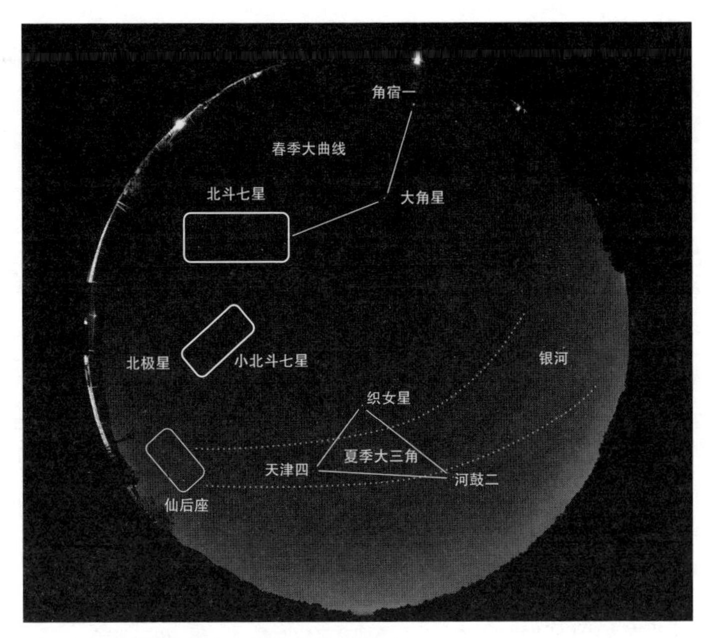

图 1–2 日本夏季夜空中可见的几个星群

从仙后座起，经过夏季大三角再往右上角便可看见银河。（摄影：畑英利）

“春季大曲线”这个名字可能大家都不太熟悉，我们可以看到，北斗七星呈勺子状排列，顺着这把勺子的柄向北斗七星外侧看去，有两颗明亮的星紧挨在一起，较近的是“牧夫座”的 α 星大角星，稍远一些的是“室女座”的 α 星角宿一。把这些星星连成一条线，就是“春季大曲线”了。

图 1–2 中部靠下可以看到银河，“夏季大三角”仿佛横跨银河，它是由“天鹅座”的天津四、“天琴座”的织女星、“天

鹰座”的河鼓二这三颗 1 等星联结而成的大三角。更清晰的影像可参考图 1–3 夏季大三角的特写。

“天鹅座”中的明星排成十字形，因此它又被称作“北十字”。同样的还有“南十字”，即“南十字座”中可以看到的十字（参见第四章的图 4–7）。“天鹅座”的 α 星天津四是一颗美丽的蓝色星星，可以和后文将要介绍的“天蝎座”心宿二（图 1–4）形成鲜明对比。此外，“天鹅座”的 β 星辇道增七是一个著名双星系统，呈红蓝两色，持双筒望远镜的朋友可以观测到这有趣的颜色差异。

图 1–3 中，可以清楚看到织女星与牛郎星（河鼓二）隔着银河遥遥相望。若七夕之夜牛郎织女能渡过银河相会，不知道是否需要“银河铁路”的帮忙。“天鹅座”的北十字就像一把伞守护着这对眷侣。

图 1–2 左侧（北方）也有一些我们熟知的星星。上方是北斗七星，下面是包含北极星的小北斗七星，再往下是“W”形的仙后座。

星星的亮度

上述构成夏季大三角的“大鹅座”大津四、“大琴座”织女星与“天鹰座”河鼓二皆为 1 等星。这样的 1 等星共有 21 颗。

小时候的理科课上曾听过“最亮的是 1 等星，肉眼勉强

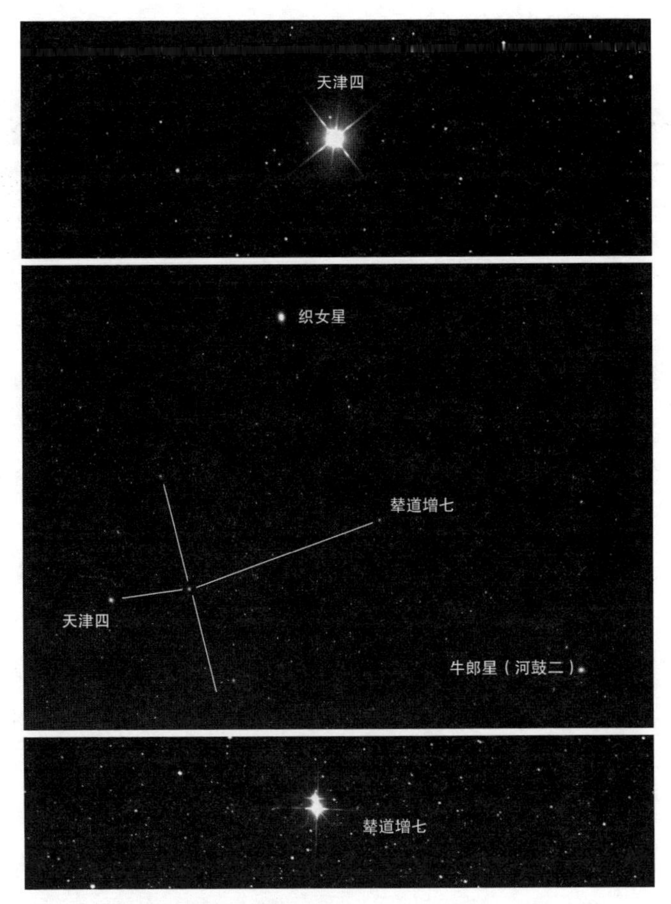

图 1–3 （中央）夏季大三角的特写

“天鹅座”天津四、“天琴座”织女星、“天鹰座”河鼓二构成的大三角。“天鹅座”呈十字形，被称为北十字。中：“天鹅座”的北十字与夏季大三角。上：“天鹅座”α 星天津四。下：“天鹅座”β 星辇道增七，其下方为 3 等星 β1 星（辇道增七 A 星），上方为 5 等星 β2 星（辇道增七 B 星）。

能看见的是6等星”这样的说法，所以我一直以为星星只分为1等星、2等星、3等星、4等星、5等星、6等星这六种。事实上并没有这么简单，还有0.5、1.5等需要标到小数点之后的数字等级。这里简单为大家介绍一下星星的亮度等级。

最早提出为星星亮度分级之事可追溯至古希腊时期。当时的天文学家喜帕恰斯（约公元前190—公元前120）曾提出，可将最亮的星定为1等星，肉眼勉强可见的星定为6等星。

1840年，约翰·赫歇尔（1792—1871）在对星星的亮度进行详细探查后，发现从1等到6等中间有着五个层级的差距，而这五个层级的差距刚好是100倍。约翰的父亲是威廉·赫歇尔（1738—1822），他成功建立了银河系模型。

1个等级之差相当于2.5倍亮度的差距（准确来说应为2.512倍），也就是说1等星与6等星的亮度相差2.512倍的5次方，也就是100倍。人类的肉眼可观测到的星星亮度是以指数来测算的，亮度等级之间不是成系数倍而是成指数倍增长。因此，喜帕恰斯对于等级的定义是非常符合人体的感觉的。

数字越小，星星越亮，比1等星高一等级的是0等星，再高一等级就是负1等星。用负数来表示明亮程度越来越高终归有些奇怪，但定义就是如此，也没有办法。如果把白天我们看见的太阳也套进这个等级中，大约是负27等星的程度，即1等星亮度的4000亿倍。满月的亮度大约在负13等星程度，即1等星亮度的400万倍。

一般来说，人类肉眼所能见到的最暗的天体（130 亿光年以上之远的星系）的亮度是 29 等，只有 1 等星的一千五百亿分之一，几乎相当于放在月球表面的一根蜡烛那么亮。这是哈勃空间望远镜观测超 100 小时后得到的结果。

1-3　宫泽贤治的《巡星之歌》

《巡星之歌》

前文提到了宫泽贤治爬上屋顶眺望无尽夜空的轶事，他都望见什么了呢？贤治将自己所见都写在了歌曲《巡星之歌》当中。下面让我们一起欣赏一下这首歌的歌词吧。

红眼睛的蝎子
展翼的鹫鸟
蓝眼睛的小狗，
盘踞的猛蛇。

猎户座放歌一曲
降下露与霜，

仙女座的星云
幻化出鱼嘴的形状。

大熊座的星脚向北
延伸五倍的长度。
小熊座的前额
是群星巡游的地方。[1]

读罢歌词，能充分感受到贤治对星座与星星的热爱。在他创作的童话《双子星》中，当大家一同唱起这首歌时，双子星殿下琼瑟与鲍瑟便会拿起银笛一起吹响旋律。每当想起这个画面，都会让人欣然一笑。

下面，让我们跟随着贤治的歌词，去领略浩瀚星空吧。

红眼睛的蝎子

这里的蝎子指的是“天蝎座”，红眼睛指的是“天蝎座”的 α 星心宿二（图 1–4）。一个星座的所有恒星按照明亮程度被分为 α、β、γ 等层级并以此命名。这是德国天文学家约翰·拜耳（1572—1625）在 1603 年出版的《测天图》（*Uranometria*）中

①《[新] 校本宫泽贤治全集》第六卷，本文篇，筑摩书房，1996 年，329 页。——此处为原书注，本书脚注除特别说明外均为编者注。

图 1–4　“天蝎座”的 α 星——心宿二

（摄影：畑英利，拍摄地点：长野县富士见町・八岳 Tama 天文台）

提到的分类方法，历经四百多年的岁月沿用至今。

将心宿二比作“蝎子的红眼睛”的贤治尤其喜爱“天蝎座”，在其作品中提及 60 次以上，而心宿二无疑是他的最爱。在天空中找寻到自己所钟爱的星座与星星，就能感觉到自己与宇宙的距离又缩短了一步。

事实上，心宿二并非“蝎子的眼睛”，而是位于这只“蝎子”的心脏部位。心脏中充盈着鲜红的血，这也是符合常理的。只不过在贤治心中，他将明亮的星星当作“眼睛”来看待。

大熊座的星脚向北　延伸五倍的长度

即使是那些对宇宙不甚感兴趣的人，也对北极星有所耳闻。地球在不停地自转，代表着会有一个自转轴，自转轴向北方延伸，那个方向便被称作北天极；相应地也有南天极。如果我们朝北天极望去，便能看到北极星。它稍稍偏离北天极约1°，但在人眼看来，它始终待在那里一动不动，因此古时候人们就开始利用北极星作为辨认方向的便利参照物了。北极星属于“小熊座”，所以贤治在歌词中写道：

小熊座的前额
是群星巡游的地方。

只不过实际情况是北极星并非“前额”，而是在“尾巴”的位置。只要看向北方天空，一眼就能看到北极星，但也要讲究一定的寻找方法。方法有两种，一是利用北斗七星寻找，二是用“仙后座”寻找。贤治在歌中提到了前一种：

大熊座的星脚向北
延伸五倍的长度。

确实，找到北斗七星这把“勺子”最前端的两颗星，再延

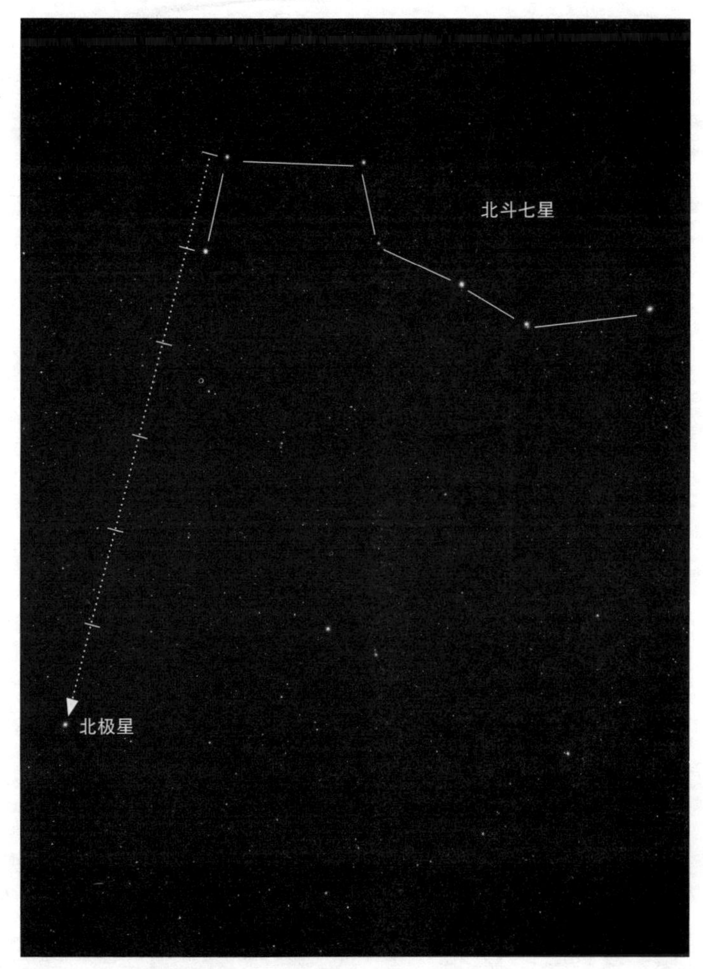

图 1–5　用北斗七星找北极星的方法

3 月上旬晚 10 点左右的天空。左下方能稍微看到人造卫星的轨迹。（摄影：畑英利，拍摄地点：长野县木曾町 Kibio 山顶）

伸大概五倍长度后就能找到北极星了（图 1-5），但北斗七星勺子的部分在大熊身体内，并不在其脚上。这也可以说是贤治在创作时的自由发挥。

猎户座放歌一曲　降下露与霜

“猎户座”有两颗 1 等星——参宿四与参宿七。较为明亮的星星还有许多，因此“猎户座”也是冬季夜空中十分光彩夺

图 1-6　猎户座

参宿四与参宿七为 1 等星。猎户座星云位于图上箭头所指位置。这张照片呈现其沉入西方天空的模样，因此并不会显得“猎户座高悬天空”。要找到“猎户座”只需往天空最顶端附近搜寻即可，无须在赤道附近寻找。（摄影：畑英利，拍摄地点：长野县木曾町 Kibio 山顶）

目的星座（图 1–6）。

让“猎户座”声名大振的不光是它的形状，还在于我们能观测到的猎户座星云（图 1–7）。它目测大约有两个满月那么大；亮度目测约为 4 等星，肉眼可见。猎户座星云看上去像一只展翅飞翔的鸟，姿态十分优美。鸟头部分被命名为 M43，也属于猎户座星云的一部分。

此外，“降下露与霜”这句歌词指的是流星划过。每年 10 月下旬，在猎户座方向可以观测到明亮的流星，一般我们称为猎户座流星雨。这段时期，地球会穿越哈雷彗星运动遗留下的颗粒，这部分颗粒在进入大气层后因摩擦而燃烧，在地球上看就是流星了。

仙女座的星云　幻化出鱼嘴的形状

“仙女座”是属于秋天的星座。它并不十分耀眼，但因其附近可以观测到仙女座星系而著名（图 1–8）。

“仙女座的星云”这句歌词实际上指的就是仙女座星系了。当我们从斜上方观察这个盘星系，便能看到贤治所说的鱼嘴一样的形状。

本书将在第四章为大家介绍昴星团望远镜拍摄下来的仙女座星系的样貌（图 4–1 和图 4–6）。大家也可以在第十章的图 10–12 中观察一下仙女座星系是否真的如鱼嘴一般。

图 1-7 猎户座星云 M42

猎户座星云中有许多大质量恒星，这些恒星会放射大量紫外线电离星云内的中性氢气体，电离后的气体所包含的离子散发出明亮的光线。我们在观测星云时，能看到其异常美丽的色彩。红色主要是氢，绿色主要为氧。它距离我们 1500 光年，直径为 33 光年。左上角看上去像鸟头的部分是 M43 星云。来源：http://hubblesite.org/newscenter/archive/releases/2006/01/image/a/format/xlarge_web/。(NASA/ESA/STScI)

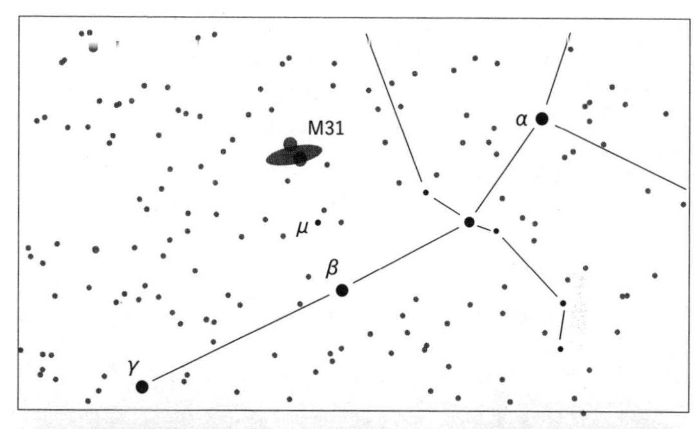

图 1–8　仙女座图示

隐约可见仙女座星系（M31）。（摄影：畑英利，拍摄地点：长野县木曾的 Kibio 高原）

1–4 星空的社交距离

夏季大三角的社交距离

下面，让我们跟随贤治的《巡星之歌》继续漫步星空吧。本章开头的美丽银河（图 1–1）中能看到无数星星，用铺天盖地形容也不为过。星星究竟是何等密集地分布其中的呢？新冠肺炎疫情肆虐的当下，我们总听到“避免聚集”这样的呼吁，而在星星的世界里，过于紧密的接触会导致相撞从而引发严重后果。所以接下来，让我们来了解一下星空的社交距离吧。摇滚乐队 The Alfee 有一首名曲叫作《星空的距离》，现如今这个“距离”前可得加上“社交”一词了。

前文为大家介绍了夏季大三角。它由“天鹅座”的天津四、“天琴座”的织女星、“天鹰座”的河鼓二这三颗 1 等星联结而成。我们在观察夜空时，其实是在看投影在天球[①]表面上的群星。这里说的天球其实是个假想的球体，我们可以假设看到的所有星星都分布在这一球面上。但如此一来，更详细的信息我们就无从得知了。那么如果进一步了解构成夏季大三角的三颗星的信息（即与地球的距离），我们会得到什么结论呢？

---

① 天球指的是在天文学和导航上想出的一个与地球同球心，并有相同的自转轴，半径无限大的球。

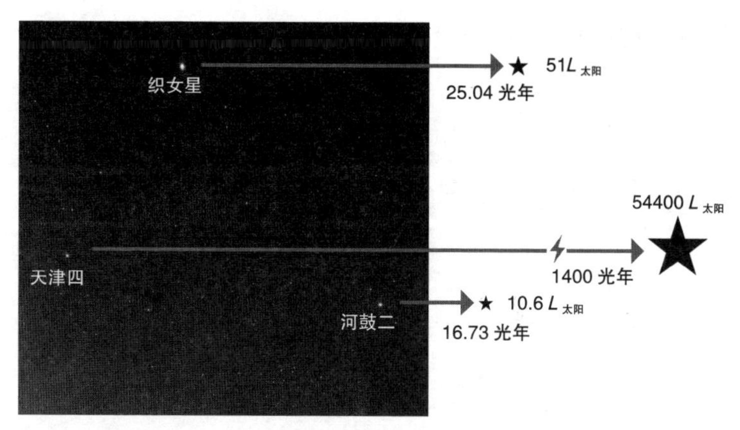

图 1–9　构成夏季大三角的三颗星的距离与光度的比较

（摄影：烟英利）

织女星与河鼓二距离地球大约 20 光年，天津四距离地球却有 1400 光年之远。光年指的是光在一年时间内前进的距离，1 光年大约为 10 万亿千米。如此说来，尽管天津四距离我们如此远，却依旧这么闪耀，那它本身的亮度该有多么强（相当于织女星与河鼓二亮度的一千到数千倍左右），所以即便这么遥远，它还是被划定为 1 等星。

这里我们将太阳的光度（$L_{太阳}$）作为星星光度的计量单位。

$$L_{太阳}=4\times10^{26}\text{W}（瓦特）$$

正因为太阳有如此强大的能量，地球上的每 1 平方米才都能获得 1370 瓦的能量。

银河系内的社交距离

尽管我们肉眼可以同时看到夏季大三角的三颗星，但实际上它们之间的距离超过 1000 光年。既然银河之中某些地方的星星们挨得如此紧密，它们的社交距离就不得不引人注意。由于星星的位置和密集程度各异，我们先来算一下恒星之间的平均距离（社交距离）吧。银河系的性质在第二章会提及，这里先展示一些基本的数量：

银盘半径 = r =5 万光年

银盘厚度 = d =1000 光年

恒星个数 = $N_\star$ =2000 亿个

银盘体积为：

$$V=\pi r^2 d=\pi（5\text{ 万光年}）^2\times 1000\text{ 光年}\approx 8\times 10^{12}\text{ 光年}^3$$

恒星个数密度为：

$$n\star=\frac{N_\star}{V}=2000\text{ 亿个}/8\times 10^{12}\text{ 光年}^3=0.025\text{ 个}/\text{光年}^3$$

因此可得，恒星之间的平均距离 $r_{\text{平均}}$ 为：

$$r_{\text{平均}}=n\star^{-1/3}\approx 3.4\text{ 光年}$$

恒星的直径方面，已知太阳直径为140万千米，也就是说恒星之间的平均距离是恒星直径的2000万倍以上。

疫情期间人与人之间的社交距离通常需要保持在2米（大约为人的身高），如此看来，恒星之间能够保持自身大小的2000万倍以上的距离，可以不用担心了。

太阳附近安全吗？

距离太阳最近的星是“半人马座”的α星，与太阳间距为4.4光年。这颗星是一个三合星系统，其中一颗名为比邻星（Proxima Centaurus）的星距离太阳只有4.2光年，是距离太阳最近的恒星。

距离太阳第二近的是“蛇夫座”方向上的巴纳德星，距太阳6光年。由此可以看出，太阳周边的星星们也严格遵守着社交距离。

用我们熟悉的事物比喻的话，就是漂浮在太平洋两端的两颗西瓜，是绝对不会相撞的。

星云与星系的区别

接下来，我们可以安下心来继续遨游星系世界了。不过在此之前我还想提醒大家，星云与星系是有区别的。

本章中为大家介绍了一个星云——猎户座星云（图 1–7），同时也为大家介绍了一个星系——仙女座星系（图 1–8）。如今大家都已经有了一个概念：星云与星系不同。但生活在距今 100 年前的人们在理解上却是有偏差的，当时的大家往往会将二者混为一谈。

因此，在第二章中，笔者将着重带大家区分星云与星系，以及说明人类是如何树立起宇宙中遍布星系这样一种宇宙观的。第三章开始，笔者会带大家详细探访星系的世界。

第二章

星云与星系

2-1 星云的世界

各种各样的星云

本书的主角是宇宙中的星星大集团——星系，但在讲星系的故事前，还需要介绍一下星云。

星云的字面意思可以理解为“恒星的云”，但其实它并非恒星，而是由气体和尘埃集合成的天体，看起来是模糊地延展开来的一大片（其中的恒星呈现点光源状态）。星系中有着各种各样的星云，细究起来十分棘手。20 世纪初期，人们就发现了一种颇为复杂的星云——旋涡星云。如今，我们都知道除了银河系，还有其他独立的星系存在，但当时的人们完全搞不清楚这种星云究竟是在银河系里还是在银河系外。

基于 20 世纪初期人们的认知程度，星云被分为图 2–1 中所列类型。银河系中的气体星云根据性质和起源不同又被分为如图 2–1 下半部分的几种，其中弥漫星云（猎户座星云）、反射星云（加州星云）、行星状星云（M57）和超新星遗迹（蟹状星云）如图 2–2 所示。

弥漫星云指内部气体受云中的恒星电离或激发后导致自身发光的气体星云；反射星云指不靠自身发光，而是靠反射周边星光而发亮的星云；行星状星云则是指像太阳等恒星一样处于

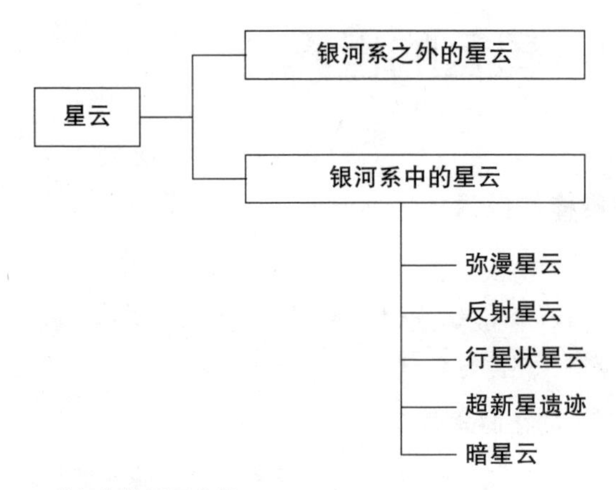

图 2–1　20 世纪初的星云分类

现在人们已经不会将星系误认为星云，但该图中仍将星系概念纳入。

持续演化中，直到演化成白矮星为止的星云，在这个过程中经电离后发亮的气体星云。太阳也将在 50 亿年之后演化为白矮星，这一过程中太阳周围将诞生美丽的行星状星云。

虽然行星状星云的名字中有个“行星”，但它与行星毫无关系。用小型望远镜观测行星时我们能看到点状的恒星，但行星状星云则是轮廓很清晰的天体。行星状星云在望远镜里就像行星一样十分明亮，因此得名行星状星云。为它命名的是出生于德国的天文学家威廉·赫歇尔。

超新星遗迹是超新星爆炸后抛出的气体星云。这类星云是大质量恒星（一般为太阳质量的 10 倍以上）演化最终阶段的产物。当气体被加热至高温，便会引发剧烈的爆炸冲击波，不

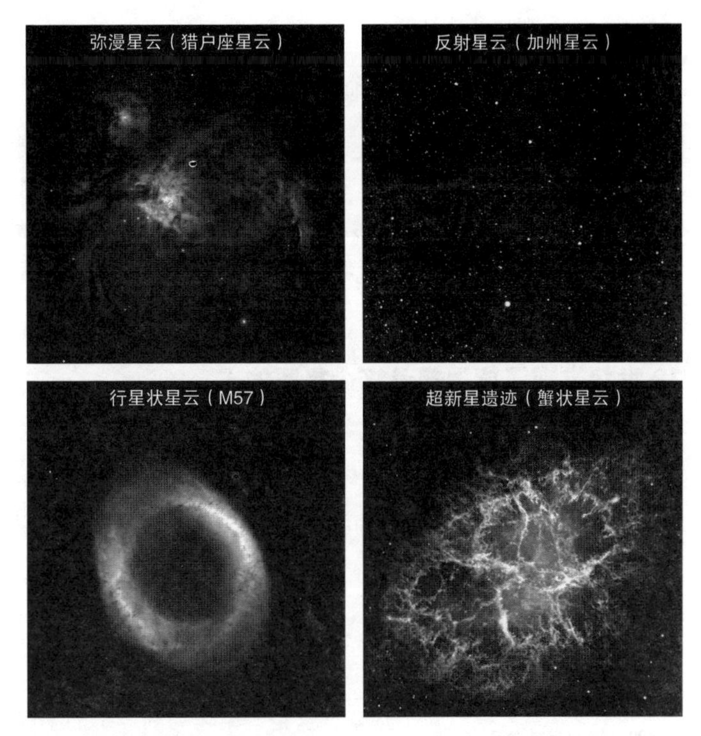

图 2–2 银河系中观测到的星云

左上：弥漫星云（猎户座星云）。右上：反射星云（加州星云）。左下：行星状星云（M57）。右下：超新星遗迹（蟹状星云）。此外，第一章中介绍的猎户座星云也是星云的一种（图 1–7）。

加州星云：https://commons.wikimedia.org/wiki/File:California-nebula.jpeg，除此以外均为哈勃空间望远镜拍摄。（NASA/ESA/STScI）

猎户座星云：https://www.spacetelescope.org/news/heic0601/。

M57：https://hubblesite.org/contents/news-releases/1999/news-1999-01.html。

蟹状星云：https://hubblesite.org/contents/media/images/2005/37/1823-Image.html。

仅会产生可见光波段的辐射，甚至还可以产生 X 射线辐射和射电辐射等各种波段的辐射，从而发光。

暗星云就难以举例说明了，但我们在观察银河系时可以看到许多黑色带状结构（见图 1–1），这些天体就是暗星云。此外“南十字座”中的“煤袋星云”也是有名的暗星云之一（第四，图 4–7）。

19 世纪发现了旋涡星云这个星系的人

图 2–3　罗斯公爵

19 世纪时，曾有人辨别出旋涡星云是恒星的聚集体。他就是第三代罗斯公爵威廉·帕森思（1800—1867，图 2–3）。19 世纪 40 年代，他成功建造了口径 72 英寸（183 厘米）的反射望远镜，这是一架名为利维坦的牛顿式反射望远镜。作为比较，日本国立天文台冈山天体物理观测站使用的望远镜口径为 74 英寸（188 厘米），该望远镜于 1960 年建造。因此，罗斯公爵建造的望远镜在当时可以说是一项具有划时代意义的成果。

罗斯公爵通过这架望远镜进行观测，手绘出旋涡星系 M51 的图纸并将之公布于世（图 2–4 左）。这个旋涡星云中还含有稍小一些的星云，因此也被称为“带孩子的星系”（图 2–4 右）

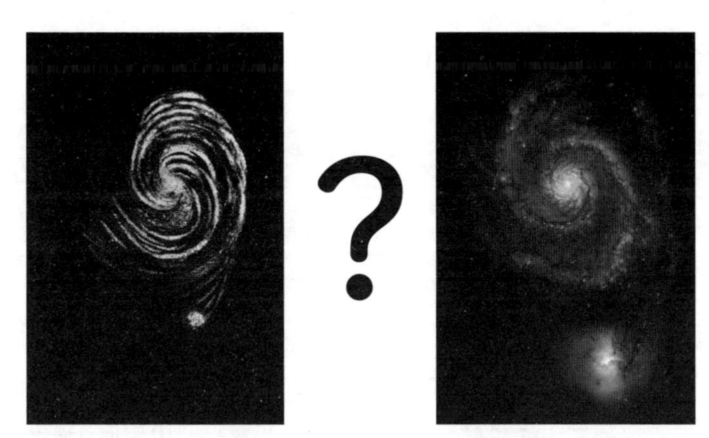

图 2-4 （左）罗斯公爵的“带孩子的星系”手绘图，（中）问号，（右）M51 的照片

罗斯公爵的手绘图：https://en.wikipedia.org/wiki/William_Parsons,_3rd_Earl_of_Rosse#/media/ File:M51Sketch.jpg。哈勃空间望远镜所拍摄的“带孩子的星系”：https://www.spacetelescope.org/images/heic0506a/。

（其实是两个星系相互作用下的产物）。这份图纸在当时可以说是全球独一份，加之它的形状十分像一个问号（？），在欧洲引发了热议。

用罗斯公爵的话来说：“这个星云看上去很像许多星星聚集在一起。”若果真如此，那它就不能算是星云，而是星系。没错，180 多年前，制造出全球首屈一指望远镜的罗斯公爵亲眼所见的那片星云，事实上正是星系。

2–2 “大辩论”

旋涡星云位于何处？

接下来，让我们从星云开始，逐步走进属于星系的神秘世界。

在 20 世纪来临之际，天文学界曾提出一个有关旋涡星云的重要问题。说起星云，我们便能想起在夜空中望向“猎户座”方向时能够观测到的猎户座大星云（第一章的图 1–7、图 2–2 左上），它位于银河系内（与地球相距大约 1300 光年），然而，所有星云都处在银河系之中吗？

将这个重要问题推上风口浪尖的正是有关旋涡星云的讨论。人们在观测过程中发现了两个不可思议的事实：

- 观测到旋涡星云的运动速度可达到 1000 千米 / 秒以上。
  （相比之下，银河系内的恒星和星云的运动速度最快也只有数十千米 / 秒[①]）
- 其转速甚至能达到 200 千米 / 秒。
  （一般来说，星云是不会旋转的，偶然出现的运动速度也仅有数十千米 / 秒左右）

---

① 事实上，银河系内有很多高速恒星的运动速度可以达到数百千米 / 秒。

据此，几个问题逐渐浮出水面：旋涡星云何以呈现如此奇异的特性？难道它们皆位于银河系之外吗？

1920 年的“大辩论”

旋涡星云究竟在哪里？自该问题横空出世，天文学界人士大致上分为两个阵营，彼此对立，各持己见，观点如下：

[A]旋涡星云位于银河系中

[B]旋涡星云位于银河系外

双方争执不下，谁也无法说服对方，便决定举行一场正式的辩论来探讨这个问题，这场辩论定于美国国家科学院的年会上进行。1920 年 4 月 26 日，辩论在美国首都华盛顿的国家科学院讲堂正式打响。

观点[A]的代表人物是长期任哈佛大学天文台台长的哈洛·沙普利（1885—1972），当时他正在普林斯顿大学做研究。沙普利走上天文学之路实属偶然，进入密苏里大学时，他看着学科手册上按字母顺序排列的各个学科，排在最前面的是 Archeology，也就是考古

图 2–5　哈洛·沙普利

学。沙普利怎么也读不出这个学科的名字，而紧挨着它的下一个便是 Astronomy，天文学，这个词他明白。“好，就它了！”这就是他开始学习天文学的契机。那个年代就是如此美好。从此，沙普利就开始研究银河系。在当时，太阳系被普遍认为位于银河系的中心，但他却发现银晕中的球状星团（见图 2–7）在位置分布上存在着很大差异。据此，1918 年，沙普利提出太阳系并非位于银河系正中央的观点。

图 2–6　希伯 · 柯蒂斯

观点［B］的代表人物希伯 · 柯蒂斯（1872—1942）是利克天文台与密歇根大学天文台的研究学者。当时，他正在匹兹堡大学的阿勒格尼天文台做研究。2019 年，科学家观测到位于室女座星系团的椭圆星系 M87 正中央的超大质量黑洞在背景光中现出阴影轮廓（即黑洞阴影，black hole shadow），这一发现震惊学界。而早在 1918 年，柯蒂斯就已经发现“该星系中心存在喷流”这一现象了。

沙普利与柯蒂斯的履历大不相同，但并不妨碍二人同在当时的美国天文学会大放异彩。

下面为大家介绍一下观点［A］与观点［B］。通过“大辩论”中引发争议的两幅宇宙概念图（图 2–7），我们可以很清楚地看到，观点［A］认为“宇宙即是银河系”，任何星系都作为银河系的一部分，分布在太阳系的近旁。而另一观点［B］则

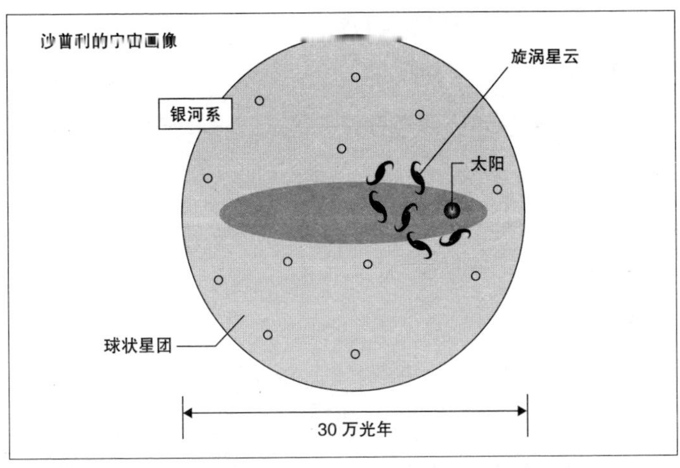

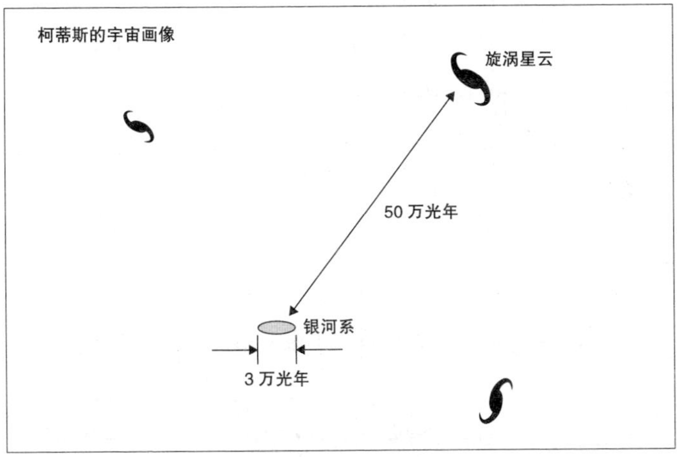

图 2-7　“大辩论”中引发争议的两幅宇宙概念图

上：观点[A]，沙普利提出的宇宙概念图。下：观点[B]，柯蒂斯提出的宇宙概念图。出处：《宇宙观 5000 年史：人类是如何看待宇宙的》（中村士・冈村定矩，东京大学出版会，2011 年，图 11.6，170 页）。距离由 kpc 变为光年。

认为，宇宙中除了我们所观测到的银河系之外，还独立存在着其他大型的恒星集合（即星系）。一直到19世纪，人们都认为“宇宙＝银河系”，因此在当时，观点［A］是主流。如果证实观点［B］正确，便意味着彻底颠覆当时人们的宇宙观。

“大辩论”徒劳一场空

仅从这一点出发，这场“大辩论”的意义便相当深远了。但遗憾的是，辩论最终并未得出结果。

当时的观测技术尚不发达，因此能为辩论盖棺定论的数据远远不够。科学研究最重要的就是拿出谁都无可辩驳的观测证据，而人类在当时还未能获得这一关键要素。

那么该怎么办呢？各位细看图2–7便能意识到，两种观点要想一争高下，就必须各自给出证明：

观点［A］：证明旋涡星系位于银河系中并靠近太阳系

观点［B］：证明旋涡星系位于银河系外并远离太阳系

因此，只要测量旋涡星系到地球的距离即可——只要能做到这一点，一切都不成问题。但在当时并没有行之有效的测距方法。

宇宙中遍布星系

要想准确测出旋涡星系到地球的距离，就必须先找到测量距离的指标。事实上，埃德温·哈勃在他的天文学研究刚起步时就找到了这个指标——造父变星。造父变星之所以能产生光变是由于这类星的“脉动”，也就是说这种恒星的光度会随着恒星半径的膨胀或收缩而变化，这种变化是周期性的，周期从数小时到100天不等，呈现规律性变化。其中最为重要的一点是：光变周期越长的造父变星，其光度也越高。因此只要测定出这个周期便能确定这颗恒星的绝对亮度；再将这种亮度与肉眼可观测的亮度相比，便能知道该恒星与地球的距离了。

这个发现来自美国的亨丽爱塔·勒维特（1868—1921）。当时她并不能算得上是一名天文学专家，只是作为实验助理在天文台从事整理照片的工作，主要工作内容是利用拍摄于南半球天文台的小麦哲伦云的照片测算其中恒星的亮度。她在工作中发现了2000多颗变星，其后又发现了亮度呈周期性变化的造父变星。

图2-8　亨丽爱塔·勒维特

小麦哲伦云（图2-9）是临近银河系的一个星系，距银河系19万光年，但在当时人们并不能确定它与地球的距离。勒

图 2-9　小麦哲伦云

右上方可以看到的星团是从属于银河系的球状星团“杜鹃座”47 号（距地 13400 光年）。来源：https://www.eso.org/public/images/eso1714a/。（ESO/VISTA VMC）

维特发现的变星全部位于小麦哲伦云中，所以它们与地球的距离都是一样的。也就是说，人们能看到的变星亮度就是它们绝对亮度的一个指标，勒维特发现，越亮的造父变星，其变光周期就越长。

1912 年，这个成果被撰写为论文发表。美国天文学家埃德温·哈勃（1889—1953）在看到这篇论文后十分振奋。哈勃注意到，用这个方法便可以测算地球到旋涡星系的距离。因此必须找到旋涡星系中的造父变星——哈勃克服了这个难题。

哈勃也是个幸运儿，他于 1919 年进入卡内基研究所（美国加州帕萨迪纳）工作。那一年，口径 2.5 米的胡克望远镜正好建造完成（图 2–10 右），这是当时世界上最大的望远镜。哈勃将目光投向仙女座星系——夜空中可见的最大旋涡星系。

哈勃用胡克望远镜先在仙女座星系中找到了造父变星，其后继续通过监视观测找出了其变光周期。通过变光周期可以得知恒星的绝对亮度，再与观测到的亮度进行比较，从而能够推

图 2–10　埃德温 · 哈勃与威尔逊山天文台的胡克望远镜

胡克望远镜的照片：https://en.wikipedia.org/wiki/Edwin_Hubble#/media/File:100inchHooker.jpg。

算出仙女座星系与地球的距离。最终，哈勃得到了答案。他算出的距离为 100 万光年。现在人们可以推测出这个距离是 250 万光年，但在当时 100 万光年这个数字足以称得上伟大。之所以这么说，是因为银河系的直径是 10 万光年，也就是说仙女座星系不可能存在于银河系中，它是一个同银河系并列存在的大型恒星聚集体——另一个独立的星系。

就此，“大辩论”总算是一锤定音。柯蒂斯提出的观点［B］是正确的。尽管他所推断的银河系大小以及从旋涡星系到银河系的距离都有误，但从他所描绘的图像上来说，这个观点无疑是正确的。

其后，哈勃着手进行对星系的系统性研究，并于 1926 年创建了一个星系分类系统（第五章，图 5-1），该系统被沿用至今。

第三章

满满当当的星系

3-1 星系很大

银河系的全貌

首先，让我们建立一个概念：星系真的非常、非常、非常大。图 1-1 中所示只是银河系的一小部分。接下来，我将带领大家认识银河系的全貌（图 3-1）。

图 3-1 中有超过 10 亿颗星星，但银河系中共有约 2000 亿

图 3-1 银河系的全貌

右下角能看到的小片光芒是大麦哲伦云（右）与小麦哲伦云（左）。与银河系相比，这两个星系很小。GAIA 卫星发回的银河系全貌照片：http://sci.esa.int/gaia/60169-gaia-s-sky-in-colour/。（ESA/GAIA/DPAC）

颗恒星，我们能看见的只是其中很小的一部分。

为什么我们不能看到所有星星呢？想必大家心中都会有这样的疑问。原因有二：一是，离得太远的星星光芒暗淡，所以看不见，而且不管什么样的望远镜，都有其极限可视范围；二是，许多星星藏起来了。

观察图 3–1，我们能够看到许多黑色带状结构。这些黑带在图 1–1 中也有出现。它们就是名叫“暗星云”的气体星云。这种云中包含气体（主要成分为分子氢）和尘埃（尘埃颗粒）。我们可以把尘埃想象成是非常细小的沙砾。尘埃散射，吸收光线，因此这类气体星云另一侧的星星往往会被隐藏在其后方，使人难以分辨。

10 万光年的世界

银河系究竟有多大？银河系中的群星散落在星系盘各处，这个圆盘直径约为 10 万光年。我们知道 1 光年是光在 1 年时间内前进的距离，约 10 万亿千米。由此可得，银河系这个大圆盘的直径约为 10 万亿千米的 10 万倍（图 3–2），也就是 10^{18} 千米。

乍一看到这么大的数字，或许大家脑海中不会立刻产生确切的概念，毕竟日常生活中我们用得到的大单位差不多也就是“万”了。“万”是数字 1 再加四位数字，四位再四位，慢慢就

图 3–2　银河系的大小

乘坐东北新干线（时速 320 千米）横穿银河系需要耗费 3000 万亿年。

扩大为“亿”“兆”……这样的单位我们常能听到，但再大的单位可能就比较模糊了。

比“兆”多四位数的单位是“京”（10^{16}），如果用“京”来表示，10^{18} 千米就是 100 京千米。

智能手机的通信容量通常用 GB（千兆字节）这种单位来计量。giga 表示 10 亿。giga 等单位统称为国际单位制（SI）词头，一般每三位数就被赋予一个名字，giga 的千倍是 tera，tera 的千倍是 peta，peta 的千倍是 exa。而 exa 正好相当于 10^{18}，那么就可以说银河系大小为 1exa 千米。只是无论用哪个单位，这个数字都大得超乎我们想象。

如果真的存在能以光速飞行的火箭，要想横穿银盘也需要飞行10万年。

最好别坐新干线

我住在仙台，经常乘东北新干线去东京，只要一个半小时就能舒舒服服地抵达目的地，毕竟“隼号列车”的时速能达到320千米呢！

但如果在星系里旅行，问题就来了。乘坐东北新干线从星系一头到另一头需要花费3000万亿年。人类寿命不过百年，乘坐新干线遨游银河是万万不可能的了，更何况银河系里还没有轨道。看来，新干线和银河旅行的适配度是低得不能再低了。

读到这里，大家是不是又会想到宫泽贤治呢？贤治最负盛名的童话故事《银河铁道之夜》中，主人公乔班尼和朋友在银河中快乐地游览了一遭。那时他们乘坐的是银河铁路，据说其原型就是岩手轻便铁路。和新干线相比，岩手轻便铁路的规模可小多了，但却能在银河中漫游，实在是不可思议。关于这个秘密，我们将在本章第4节进行探讨。

3-2　星系很重

“千克”不再适用

接下来我们说质量。银河系的规模之大已经超出我们想象了，它的重量自然也是非比寻常。

星系是非常重的，克与千克这样的计量单位已经无法适用了，因此我们一般以太阳的重量做参考：

太阳的质量 $=2\times10^{30}$kg

这么说来太阳也是够沉的了。此外：

地球的质量 $=6\times10^{24}$kg

可以看出，地球虽然也很沉，但跟太阳相比只有太阳的三十万分之一。

以太阳的质量为计量单位

太阳和地球的质量已经足够使人瞠目结舌了，以千克为单位还要用上 10^{30}、10^{24} 这么大的数字，而银河系中，像太阳这样的恒星有 2000 亿颗。要想描述银河系这种天体的质量只能以太阳的质量为单位。

如此算来，银河系的质量如下所示：

银河系的质量＝太阳质量的 2000 亿倍

如果以地球质量为单位，则：

银河系的质量＝地球质量的 7×10^{16} 倍

星系中并不只有恒星

银河系的质量是太阳质量的 2000 亿倍——这还只是恒星的净重。除了恒星以外，银河系里还有大量气体及尘埃（尘埃颗粒）。

气体的质量约为恒星总质量的 10%，而气体质量的 1% 则是尘埃的质量。

尽管恒星占据了重量的绝对优势，但气体和尘埃同样举足轻重。太阳这样的恒星本就诞生于气体星云之中，如果没有气体，恒星便无从诞生。

尘埃质量仅占星系质量的 0.1%，可俗话说“秤砣虽小压千斤”，尘埃的作用不容小觑。比如，我们人类所居住的地球被称为“岩质行星”，这个词的意思是说地球的本体就是尘埃。太阳诞生之时，其附近的尘埃和气体形成恒星盘，并在相互的碰撞过程中像滚雪球一样越积越大，最终形成地球这样的岩质行星。太阳系中除地球外，水星、金星、火星都是岩质行星。

银河系的质量

表 3–1　银河系质量构成汇总表

构成要素	质量（单位 = 太阳的质量 $M_{太阳}$ ①）
恒星	2000 亿
气体②	200 亿
尘埃③	2 亿

① $M_{太阳}=2\times10^{30}$kg

② 气体的质量 =0.1 × 星的质量

③ 尘埃的质量 =0.01 × 气体的质量 =0.001 × 星的质量

表 3–1 总结了关于银河系质量的数据，值得注意的是，表中所总结的恒星、气体和尘埃的质量以及占比都是现在这个时代测出的数据。星系刚刚诞生的时候几乎全部是气体，恒星从气体中出现并逐步提升占比。尘埃也不是星系诞生伊始就存在的。恒星内部生成碳、铁等元素，死去时（超新星爆发时）这些元素被喷射、播撒在星系中，各种各样的元素又汇聚在一起才形成了尘埃。尘埃颗粒越积越多，滚雪球一样愈发膨胀，逐渐演化为后期将变成地球等行星的星子（微行星）。星子逐渐

合并，从而出现行星。

这样的演化发生在星系的每个角落，群星诞生，它们周边又出现行星。星系正是这样从历史的长河中走来。

3-3　星系的性质告诉了我们什么

太阳系位于何处

观察银河系的图像（图 3-1）可以得知，我们是将这枚银盘整个横过来观测的，这是因为地球所在的太阳系就位于圆盘平面之中。那么太阳系究竟位于这个圆盘的何处呢？图 3-3 为大家展示了一个模型，可以看出，太阳系就像银河系里的一个小村子。

银河系的形状

如果可以脱离银盘，立于其外，我们便能更清晰地看到银河系的全貌，但人类目前还无法真正地拥有这种视角。不过，我们可以利用银河系中气体的射电辐射来进行推测。

宇宙中数量最多的元素是氢元素，约占总体的 90%。由

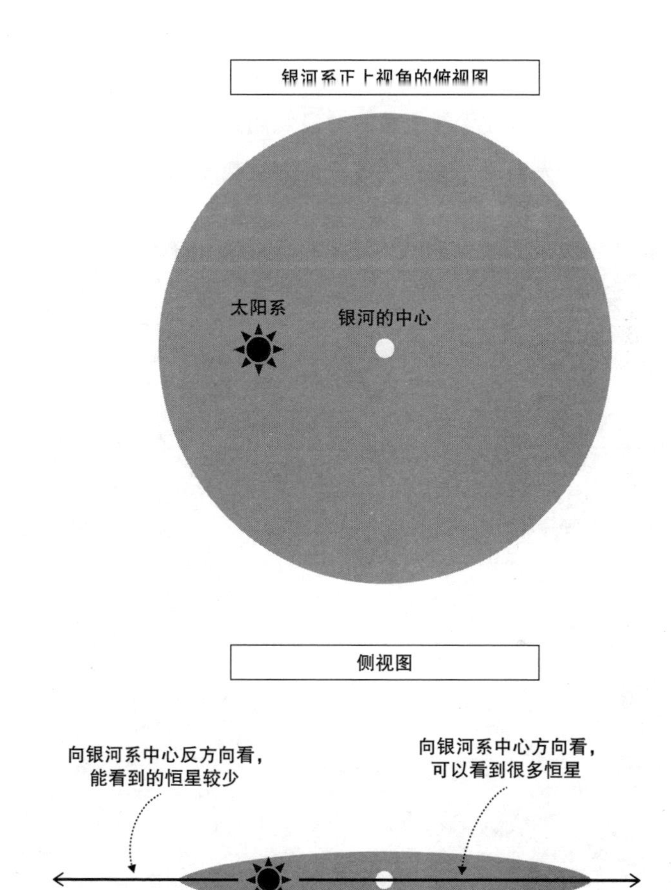

图 3–3　太阳系在银河系中的位置

从太阳系眺望银河系，群星是什么样子？以上为一幅示意图。下图中，向右是银河系的中心方向，夏天能看到明亮的银河。越往左恒星密度越小，冬天看到的银河就是黯淡的。出处：《天文学者解读宫泽贤治〈银河铁道之夜〉和宇宙之旅》（谷口义明，光文社新书，2020 年，图 2–3，95 页）。

于银河系中含有大量氢原子气体，而氢原子所释放的波长 21 厘米的辐射，可在无线电波的波段观测到。因此，通过观测这一波长，人们可以知到气体云的分布状况和速度大小，从

图 3–4　银河系俯瞰图

下方双层圆圈是太阳系所在位置。［提供：马场淳一（日本国立天文台）］

而了解银河系的构造。这一波长基本不会受到尘埃吸收的影响，可用于探查银河系的整体情况。此外，再找出能够重现气体云的分布及速度的模型，就能掌握银河系的整体形态了。

如此，我们终于得知银河系的全貌（图 3–4）。可以看到，中心区域有个稍稍向外延展的构造，这就是所谓的恒星棒结构（详见第五章）。其次，圆盘中还分布有几个旋涡结构，这代表我们所居住的银河是一个美丽的棒旋星系。

俯瞰图中间可以看到一片明亮的区域，这里就是银心了。它的真实身份其实是一个超大质量的黑洞[①]，约为太阳质量的400 万倍。我们所在的太阳系距离这个核心 2.6 万光年，如果太阳系位于银河系正中心，那么环视四周都应该是明晃晃的一片，但由于不在其中心，我们往中心区域眺望时才会看到明亮的银河（参照图 3–3 的说明）。

将银河系里里外外看了一圈，大家心里也应当有数了。银河系是如此广阔、重量级的存在，要想在广袤的宇宙中存活下来，首要条件就是把自己“武装”得沉甸甸的。

这并不是说要有多高的个子或多壮的体型，而是要有宽广的胸怀和从容不迫的气度，要展现一种独具一格的气魄。人当然不可能完全效仿银河，但至少这种精神内核值得我们学习。

① 银心中也包含很多恒星和气体，以占据面积来看，超大质量黑洞所在的区域其实很小。

3–4 我们能否乘坐银河铁路游览银河？

《银河铁道之夜》

宫泽贤治曾发表过一篇著名的童话作品《银河铁道之夜》。我在拙作《天文学者读宫泽贤治〈银河铁道之夜〉和宇宙之旅》（光文社新书，2020 年）中提到，这篇童话中糅合了现代天文学知识。据说，贤治于 1924 年动笔写这篇故事。一晃 100 年的光阴飞逝而过，而故事中出现的许多情节竟还能够用现代天文学予以解释，不得不让人叹服。我的脑海中甚至萌生出“贤治难道预知了未来”的念头。

《银河铁道之夜》究竟是怎样一部作品呢？下面，我们先来了解一下故事梗概吧。

主人公是一个名叫乔班尼的少年，他的母亲因病卧床，父亲远出北洋捕鱼迟迟未归。姐姐虽还在，却住在其他地方，无法时时看顾家里，家境窘迫可想而知。乔班尼为了补贴家用，每天在印刷厂精疲力竭地打工，以致在学校都无法专心学习。

乔班尼在学校里只有一个好朋友康贝内拉，而以扎内利为首的同学皆以取笑乔班尼为乐。一天黄昏，乔班尼去参加半人马座祭典，却在半路碰到扎内利一伙，被他们无情嘲笑。他忍无可忍，跑向了山的另一边。

乔班尼跑到山顶的气象柱下，向天空久久凝望，突然他听到有人在喊："银河站到了！"此时他发现自己早已离开了地面，坐上了通往天空的列车。银河铁路飞驰前行，回过神来，乔班尼发现自己的好朋友康贝内拉竟然和自己在同一班车上，而那群欺负他的孩子没能赶上这趟车。

之后就是一段欣赏银河景色的旅途。他们遇见了在银河搞挖掘作业的学者、神奇的捕鸟人。那位捕鸟人似乎还是个时空旅行者，旅途中突然消失了。后来，他们似乎又与泰坦尼克号沉船上的亡者同乘了一段时间；亡者们乘这趟车是为了去往天堂，可到了南十字站却头也不回地下车了。

后来，乔班尼醒了过来，他又回到了陆地上。可就在这时，一个悲伤的消息传来，为了救落水的扎内利，康贝内拉在河中溺毙了……

如果只是单纯地讲主人公乘着银河铁路游览银河，这会是一篇很愉快的童话故事。可它又不完全是童话，甚至让人无法确定是否是写给孩子们看的，整篇作品就笼罩在这样一种氛围之中。

银河铁路的旅途

讲《银河铁道之夜》这个故事不为别的，实在是因为太过

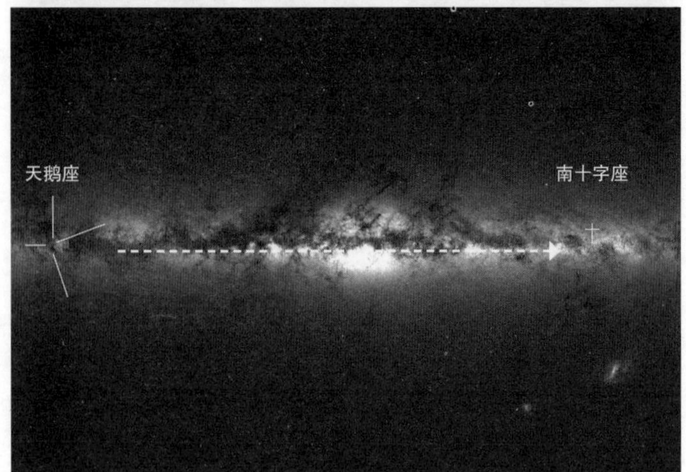

图 3–5　穿梭银河的银河铁路示意图

上图为奔驰在 JR 釜石线的宫森桥梁上的电车。照片为更贴近银河铁道旅途的方向做了左右翻转。(摄影：畑英利)

好奇：银河铁路为什么能仅用一晚上就走完了银河全程呢？

银河铁路不停地在银河系中来回穿梭，从“天鹅座”的北十字出发到“南十字座”的南十字为止（图 3–5）。这一趟旅程，连接北方天空与南方天空都能看见的十字星。

如图 3–5 所示，银河铁路穿梭于“天鹅座”与“南十字座”之间，基本是沿着银河行进的。读罢《银河铁道之夜》可以发现，这趟列车停靠了一些车站，还提到了到站时间。根据描述我们制作了一张时刻表（表 3–2）。

因为书中没提何时从银河站出发，所以首发时间很难推算，但从到达“天鹅站”是 23 点、到达“南十字站”是 3 点来推测，整趟旅程用时差不多四个小时，而且这是一趟夜间列车。如果这个说法合理，那么只用四个小时就从“天鹅座”到达“南十字座”（如图 3–5 所示），这趟旅途一下子跨越了数万光年的距离，而现实中若以光速前进要花费数万年。仅仅一个晚上就前进了这么多路程的银河铁路，究竟是怎样一班列车？

旅途的投影

银河系直径约为 10 万光年，图 3–5 中示意的银河铁路的旅途也应该长数万光年。但其实这种说法有误，我们看到的夜空中的群星其实只是投射在天球表面的影子。

我们能在夜空中看到的群星只是距离太阳系比较近的那

表 3-2　银河铁路时刻表[①]

车站	时刻	事项
—	—	发车（无时间记载）
银河站	—	停车（无时间记载）
天鹅站	23 时[②]	停车 20 分
白鹭站	—	通过（无时间记载）
小车站[③]	第 2 时[④]	停车
南十字站	第 3 时[④]	停车
煤袋站[⑤]	—	终点站（无时间记载）

① 依照《作为科学者的宫泽贤治》（斋藤文一，平凡社新书，2010 年，75 页）。

② 夜间的 11 点到达就是 23 点。

③ 斋藤文一将其指代“天蝎车站”。

④ 时刻前多了“第”字，意义不明。

⑤ 在南十字站停车后，银河铁路还在继续前进。文中表述为“但就在这时汽笛已经吹响，列车即将启动，银河下游飘来银白色的云雾，一片迷蒙什么都看不清了”（《[新]校本 宫泽贤治全集》第十一卷，本文篇〈筑摩书房，1996 年〉，166 页）。接着，康贝内拉注意到了煤袋，但那时有没有停车就不清楚了。因此煤袋究竟是否为停靠站仍无法确定。

些，一般最远的在 2000 光年左右（参考《理科年表》〈丸善出版〉天文部“主要恒星”一项）。

事实上，天鹅座的 α 星、最亮的天津四到地球有 1400 光年的距离（图 1-9）；南十字座的 α 星十字架二距地球 320 光年。也就是说这两颗星的距离大概只有 1700 光年（如图 3–6）。将图 3–6 所示的区域与整个银河系（图 3–4）重叠来看，就会得到图 3–7，显然，银河铁路的旅途就在太阳系附近。

那么我们便可以得出结论：《银河铁道之夜》中的旅途长度不到数万光年。但即便如此也有 1700 光年那么长，根据表 3–2 的时刻来看，仅用 4 小时走完全程的话时速也要达到 425 光年了。如果换算为秒速，就是 1.1 万亿千米 / 秒。光速是 30 万千米 / 秒，这趟旅程简直是名副其实的超光速之旅啊！感兴趣的朋友可以移步拙作《天文学者读宫泽贤治〈银河铁道之夜〉和宇宙之旅》（光文社新书，2020 年，187—190 页）阅读。

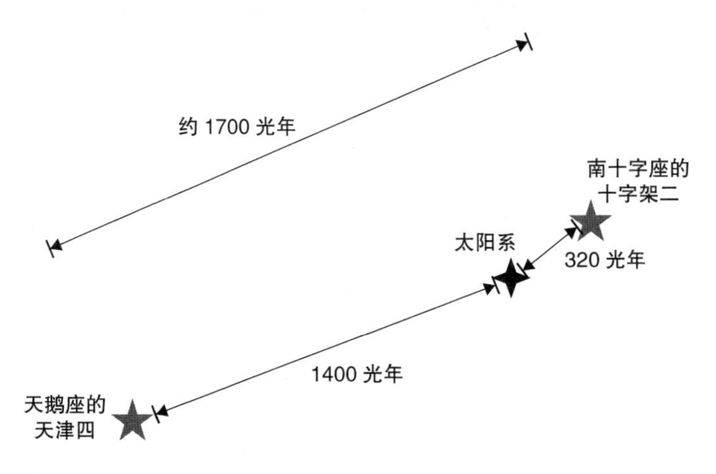

图 3–6　天津四与十字架二的相对位置

银河系中心方向在该图的上部。出处：《天文学者读宫泽贤治〈银河铁道之夜〉和宇宙之旅》（谷口义明，光文社新书，2020 年，图 2–27，188 页）。

从“天鹅座”的天津四到“南十字座”的十字架二相距约 1700 光年

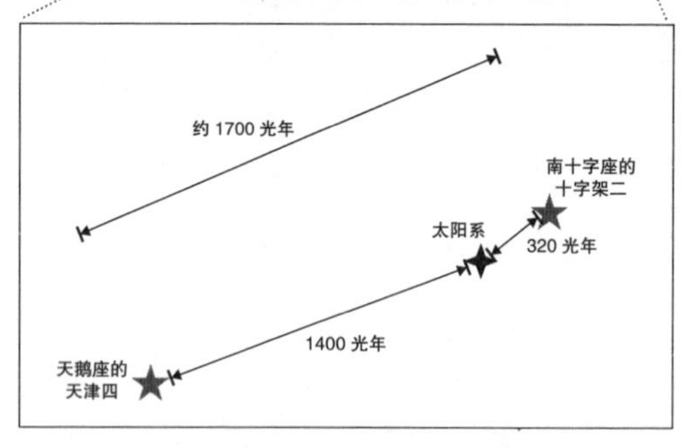

图 3–7　由图 3–6 与银河系全景图（图 3–4）重叠而成

上图为银河系全景图，下图为太阳系附近的特写。出处:《天文学者读宫泽贤治〈银河铁道之夜〉和宇宙之旅》(谷口义明，光文社新书，2020 年，图 2-28，189 页)。银河系图：马场淳一 (日本国立天文台)。

第四章

独特的星系生活

4-1 星系没有“看得见”的屋了

星系有家吗？

无论是独栋小楼、高级公寓还是单元楼，都是我们实实在在居住着的房子。家意味着有屋顶和墙壁，能将冰冷的风雨阻隔在门外。有的人家甚至还有围墙。

总之，我们都有一个可以称为“家”的住所，那么，星系有“家”吗？本章中，我们就来探讨一下星系的“家”这个问题吧。

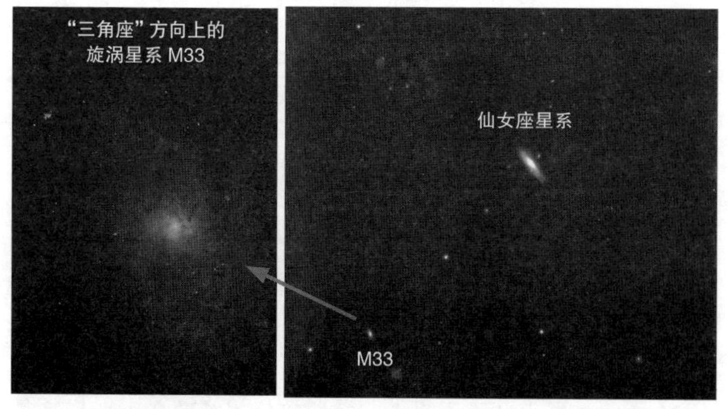

图 4-1　旋涡星系 M33

距离银河系 300 万光年。左图：https://hubblesite.org/contents/media/images/2019/01/4305-Image.html。右图：在 Digitized Sky Survey 的图片基础上二次创作的图。

旋涡星系 M33

这里以旋涡星系 M33 为例（图 4-1）。M33 星系，是在秋天的夜空中沿着“三角座”方向能看见的一个美丽星系，似乎是跟仙女座星系和银河系住在同一个街区的邻居。

只不过 M33 星系看上去前不着村后不着店——M33 是个孤零零的星系。这么说来，星系应该是没有“家”的。

4-2 星系有个“看不见”的屋子

星系住在“看不见”的屋子里

刚刚说到，M33 没有“看得见”的家。后面会为大家介绍，星系的四周有一片名为“晕”的广阔领域。尽管这片区域里也有恒星和气体，但相较于星系盘部位的密度还是低上许多，看上去也很模糊。不过，这片晕的面积要比星系盘大数倍。

如图 4-1 所示，M33 内有旋涡，周围可见许多恒星；外缘（晕）黯淡，恒星几乎不可见。然而这片黯淡的晕中也包含着某些颇有质量的物质。

探究星系盘的旋转

证据在哪里？只要我们观察 M33 的星系盘旋转运动便可得知。如图 4–2 所示，星系中一般中心部位更为明亮，也就是说中心部分有着更多的恒星。由此可得，星系的质量主要集中在中心部位。

例如太阳系，太阳占据其总质量的 99%，地球等行星的质量几乎可以忽略不计。因此，行星的公转运动近似于开普勒转动。

这是怎样一种转动呢？我们来看，其实这是牛顿的万有引力和离心力相抗衡的结果。

万有引力 = 离心力

用公式表示为：

$$\frac{GmM}{r^2}=\frac{mv^2}{r}$$

这个公式中，G 是万有引力常数，m 与 M 是行星和太阳的质量，r 是行星与太阳的距离，v 是行星的旋转速度。通过这个式子可以求得 v 如下：

$$v=\sqrt{\frac{GM}{r}}$$

G 与 M 都是常数，因此速度 v 由距离 r 来决定。两者的关系如下所示：

$$v \propto \frac{1}{\sqrt{r}}$$

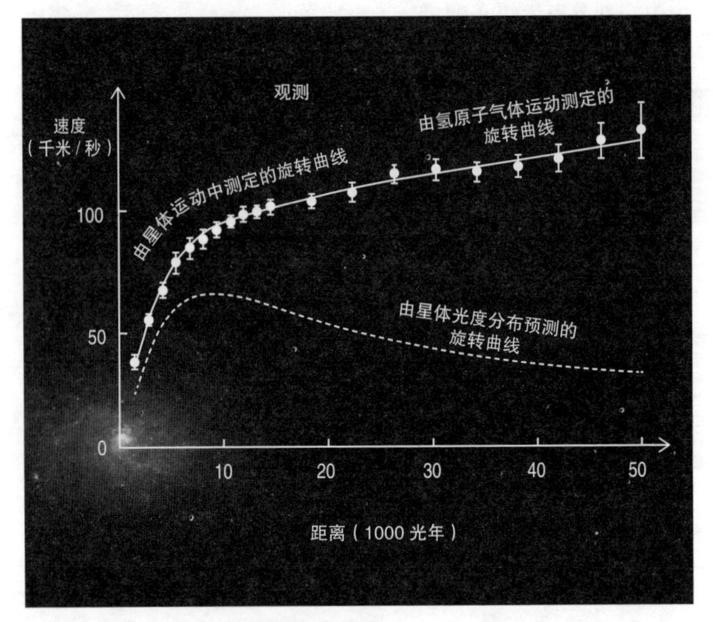

图 4–2　M33 的星系盘旋转运动的情况

纵轴为速度（千米/秒），横轴为距离星系中心的距离（单位为 1000 光年）。在能看到恒星的范围内，人们正在研究恒星的旋转运动。但外围基本看不到恒星的踪影，所以研究那部分区域的中性氢原子气体的运动。根据 M33 的光度分布（用于反映恒星分布状况）预想的旋转运动用虚线表示。外侧基本接近开普勒转动。然而，从星体与气体的运动中测定的旋转运动速度（实线）比预想结果更快。来源：https://en.wikipedia.org/wiki/File:M33_rotation_curve_HI.gif。

也就是说，旋转速度 v 与距离 r 的负二分之一次方成正比。这就是太阳系内行星的旋转运动的性质（开普勒转动）。

现在让我们看图 4-2，旋转速度与距离 r 同时增加，速度在星体运动到外缘时也不会变慢。这说明在银盘外侧也有某种物质帮助提升旋转速度。但是外围并没有清晰可见的恒星。

事实上，星系的外围（晕）也有恒星——尽管数量不多。此外，还有中性氢原子气体。但是即便将这些恒星和气体的质量加在一起仍是微乎其微，也就是说只有一种可能：还有某种“看不见”的大质量物质存在。这样的旋转速度并不单单出现在 M33，银河系和仙女座星系都出现了同样的状况。如此，可以得出结论——星系有一所“看不见”的屋子。

暗物质组成的屋子

我之所以强调“看不见”是有理由的。占据大部分质量的并非普通的物质（重子物质），而是所谓的暗物质。它被认为是一种未知的基本粒子，如今人们依然没搞清楚它究竟是什么。

星系是被主要由暗物质组成的晕所包围着的（图 4-3），我们叫它“暗物质晕”，其质量为银盘部分的数倍至十倍。事实上，星系的诞生与演化都离不开暗物质这个主要角色的活动（参见书后专栏 1、2、3）。

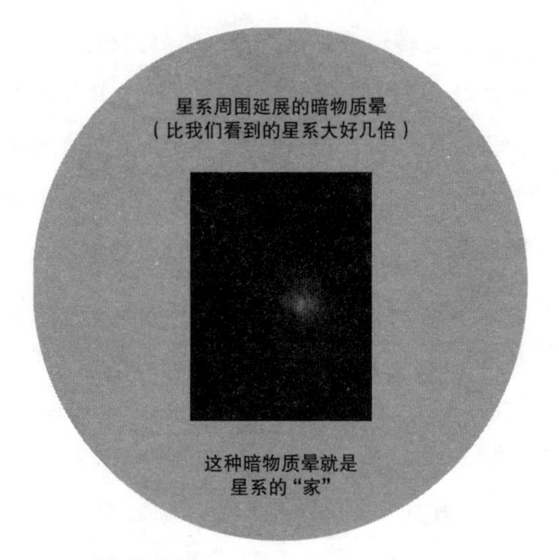

图 4–3　M33 周围延展的晕

来源：https://hubblesite.org/contents/media/images/2019/01/4305-Image.html。

4–3　星系可是住豪宅的大户人家

银河系的晕

银河系的情况又是如何呢？“星系被暗物质晕包裹着”这句话确实没错。虽然，有一些规模很小很小的星系周边确实观测不到暗物质，但如银河系一样的大型星系却无一例外地全都包含暗物质晕。

在研究星系的暗物质晕时，从银河系入手是最为便利的。毕竟我们就生活在这片银河之中，可以在这里展开更为深入的调查。只是调查范围不需要特别广，因为不论从哪个方向看，暗物质晕都延伸到了非常广阔的区域上。晕的主要成分是暗物质，也包括一些恒星，尽管这里的恒星相比银盘部位数量少很多，但也有约 10 亿颗。这些恒星远离太阳系，观测起来光芒非常黯淡。因此观测银晕，必须使用大口径望远镜和宽视场相机。现在日本国立天文台在夏威夷岛莫纳克亚山顶使用的昴星团望远镜和安装在主焦点上的 Hyper Suprime-Cam 宽视场相机就是非常理想的观测工具。

昴星团望远镜与宽视场相机 Hyper Suprime-Cam

昴星团望远镜口径 8.2 米，是一架大型光学红外线望远镜（图 4-4）。其上搭载的 Hyper Suprime-Cam（图 4-5）在拍摄时视场可达到 1.5 平方度。这架相机能一次拍下 7 个满月大小的天空，甚至成功拍下了仙女座星系（图 4-6 右上）。

银晕中的恒星

昴星团望远镜的 Hyper Suprime-Cam 目前正在探索银河系的银晕。银晕究竟延伸至何方呢？这项研究已经演变为对银河

图 4–4　昴星团望远镜

左上：疏散星团昴星团。位于金牛座方向，距离太阳系 450 光年。（东京大学・木曾观测站）

下图：疏散星团昴星团（照片上方白色虚线框内）与昴星团望远镜的合照。来源：https://www.nao.ac.jp/contents/naoj-news/data/nao_news_0306.pdf。（国立天文台：国立天文台新闻 2019 年 1 月 1 日号，第 306 卷）

图 4-5　Hyper Suprime-Cam

上：安装在昴星团望远镜主焦点上的 Hyper Suprime-Cam。高 3 米，重达 3 吨。可通过右边人的高度与其大小进行对比。下：相机核心部位的 CCD（电荷耦合器件）相机。这是一台由共计 116 个 CCD 排列组合而成的超巨型数码相机。（日本国立天文台）

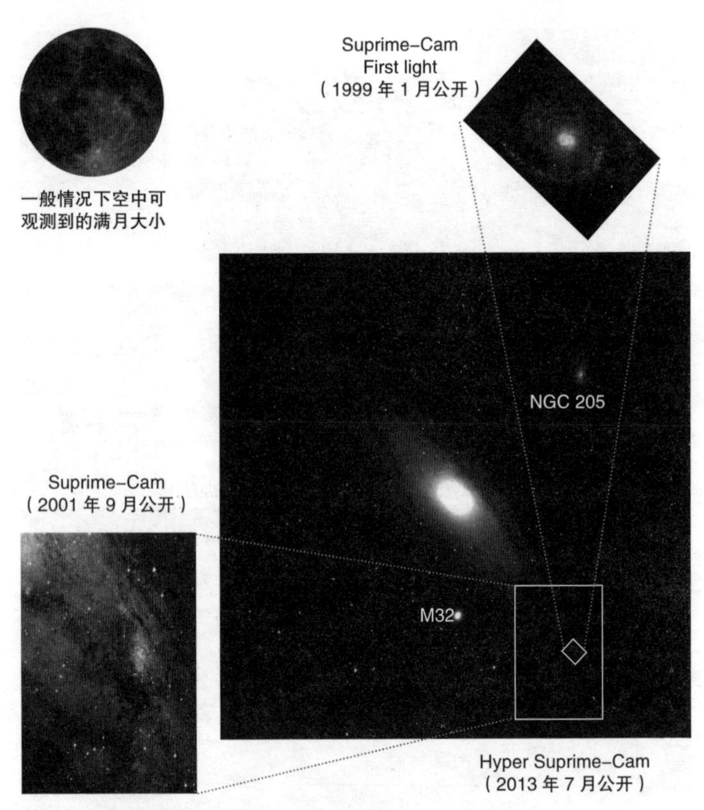

图 4-6　昴星团望远镜的广角相机的进展

右上：刚落成时安装的 Suprime-Cam（1 个 CCD 相机）拍摄下的仙女座星系的一部分。左下：Suprime-Cam（10 个 CCD 相机）拍下的仙女座星系的一部分，视野为 34 分角 ×27 分角。右：Hyper Suprime-Cam 拍摄的仙女座星系，视野广度为 1.5 平方度。为做对比，左上图示为满月。右侧的仙女座星系照片中可以看到两个卫星星系，分别是 NGC 205（右上）与 M32（中间靠下）。这些卫星星系在仙女座星系附近盘旋，正在与仙女座星系本体遭遇并被逐步吸收。来源：https://subarutelescope.org/jp/news/topics/2013/07/30/2424.html。（日本国立天文台）

系的基本特征的探究，其重要性不可小觑。银晕的延展情况能够告诉我们银河系是如何诞生的。

如前所述，暗物质晕中含有恒星，但它们与银盘部分的恒星本质上是不同的。即便是现在，银盘部分仍然在不断诞生新星，而银晕中已不再有新的恒星生成了——因为那里已经没有能够孕育新星的冷分子云了。所以，如今银晕中只有很久之前诞生的长寿且质量较轻的恒星。

恒星的寿命由其质量决定。例如太阳的寿命约为 100 亿年，如今它已度过了 46 亿年，并仍将在余后 50 亿年发光发热——从这个意义上来说，地球短时间内也能过得比较安稳。

伴随质量增加，恒星的寿命会逐渐缩短。如果一颗恒星的质量是太阳的 50 倍，那么其寿命也就仅有数百万年，经过超新星爆发后便会死亡；而质量只有太阳十分之一的恒星，则会拥有数百亿年的寿命。

通过研究银晕中的恒星，人们发现，大多数恒星已经是 100 亿岁以上的高龄了。此外，银晕中还有名为球状星团的星团，其中聚集着数十万乃至上百万颗比太阳质量小很多的恒星。银河系周边观测到大约存在 150 个球状星团（图 4–7），其中甚至有诞生于距今 125 亿年前的恒星。可别太惊讶，银晕中的恒星基本都处在这个年龄段。

质量与太阳同等、寿命在 100 亿年左右的恒星，早已消逝在宇宙中。现存的 125 亿岁的恒星，质量都小于太阳质量的 80%。

图 4–7 银河系周边的球状星团

欧米伽星团被划定为半人马座ω星。欧米伽星团的近景照片如左下所示。南半球能清晰地观测到半人马座，在日本的东北地区则可以看到欧米伽星团。只是，由于高度较低，只有天气晴朗时在低空处才能观测到。这张照片中南十字星和大、小麦哲伦云都清晰可见。南十字星右下方一块暗色区域是名为“煤袋星云”的著名暗星云。

左下欧米伽星团的照片：https://www.eso.org/public/images/eso0844a/。(ESO)

(摄影：畑英利，拍摄地点：澳大利亚塔斯马尼亚岛)

接着，让我们来解释一下星星为什么能够放光明吧。宇宙中最多的元素是可燃的氢元素（约占 90%）。在恒星的核心（高温高压）中，氢原子可以聚变成氦原子并释放能量，这也是太阳之所以发光的原因。而那些质量比太阳轻的恒星由于其核心部位的质子越来越少，很难持续发光 100 亿年以上。但随着质子逐渐衰变，核心部位累积的氦原子也会发生核聚变反应并释放能量，相比于氢原子的核聚变反应，前者能效更高、亮度更强（这也是恒星燃烧到后期的红巨星阶段会极为明亮的原因）。这样的恒星即便位于银晕的边缘区域，也能通过昴星团望远镜观测到。所以目前人们正在对这种恒星进行系统性研究。

100 万光年的豪宅

银晕究竟延伸至何方，这个问题终于有了答案。它的半径达到 52 万光年（图 4–8），也就是说，直径 10 万光年的银盘被直径约 100 万光年的银晕环绕着。

银盘直径为 10 万光年，这个认知已经足够令人惊讶，而它的家竟然有直径 100 万光年那么大，这简直就是豪宅啊！

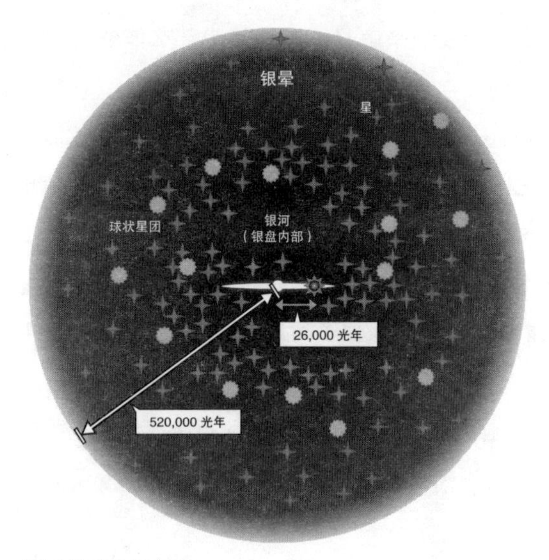

图 4–8　银晕的形态示意图

昴星团望远镜观测下银晕形态的示意图。来源：https://subarutelescope.org/jp/results/2019/06/ 20/2724.html。

仙女座星系，你竟然也！

当然，住在这种豪宅里的可不止银河系一个，即便是普普通通的盘星系也都是如此。例如图 4–6 所示的仙女座星系也被巨大的晕包裹。

仙女座星系的晕呈现出一个非常奇妙的形状，这是它与各种各样星系相碰撞后的残迹。目前，它的晕还在延展，现在已有直径 100 万光年之广。

第五章

宇宙讨厌复杂

5-1 星系只有两种形状

星系是什么形状？

目前，人类已经认为银河系外还有无数星系。追根溯源，针对星系的研究开始于1925年，距今不到100年，但现在我们已知的宇宙星系就达到1万亿个了（详见12-2节）。

人类社会中有个词语叫“千人千面”，人人都有自己独特的性格、兴趣爱好；这个人个子高，那个人头发长……每个人的外表也都各不相同。

星系的世界与人类社会极为类似，严格来说，宇宙中没有完全一模一样的星系。然而如果忽略一些细微的差别，星系可以被大致分为两种——椭圆星系与旋涡星系。

两种星系

如图5-1所示，星系的形态分布主要分为三个系列。左侧为椭圆星系，右侧是旋涡星系与棒旋星系。旋涡星系与棒旋星系的主要区别在于星系盘部分是否有棒状结构。如果忽略这个差异，这两种就都算是旋涡星系。事实上，棒结构的存在并不会改变星系的性质。此外，如果认为恒星构成的圆盘结构比旋

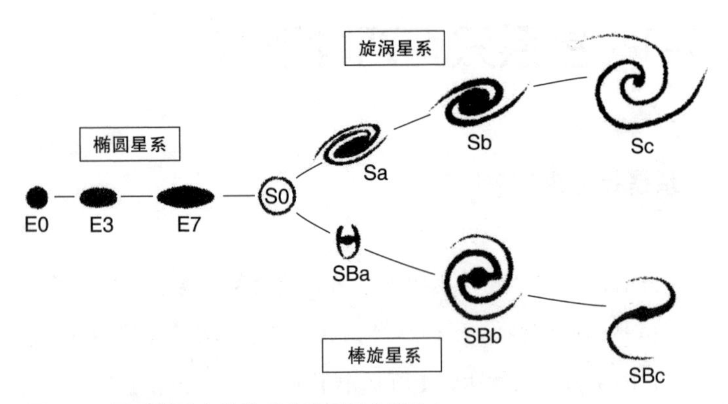

图 5–1　星系的形态分类（哈勃星系分类法）

天文学辞典：https://astro-dic.jp/hubble-classifi cation/。

涡结构更能凸出其特性，也可以将其称为盘星系。

我们不妨就此下一个结论：星系的世界中只有椭圆星系和旋涡星系（盘星系）两种星系。椭圆星系与旋涡星系的基本构造如图 5–2 所示。二者都被比星系本体大上数倍的晕（第四章为大家介绍的暗物质晕）所包围。

椭圆星系因为看上去呈椭圆形而得名，但这只是投影在天球面上的二维形状。事实上，三维空间中的椭圆星系内，群星密集分布着，整体的形状从圆形到稍稍被拉长的椭圆形不等。星系中真实的空间分布和运动形态会在第七章详细介绍。

旋涡星系（盘星系）中有两个重要结构。首先是恒星盘，我们所在的太阳系便位于银河系的银盘位置。其次是一种名为"核球"（Bulge）的结构，它位于星系的中心位置，朝与星系

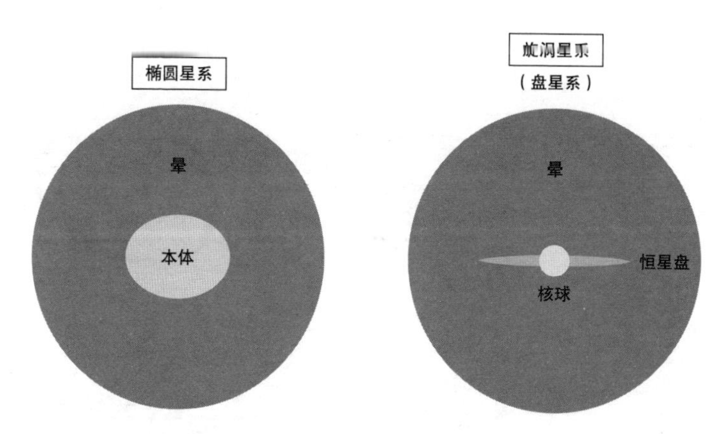

图 5–2　椭圆星系与旋涡星系（盘星系）的基本构造

盘垂直的方向扩张。这个词本就有“膨胀、凸出”的含义。

旋涡星系的多样性

如图 5–1 的哈勃星系分类法所示，旋涡星系似乎包含更多种类。诚然，其中确实存在旋涡星系与棒旋星系两种不同形态，但旋涡星系的样貌更加变化多端。哈勃是基于什么样的特质为星系做分类的呢？总结结果如图 5–3 所示。

在为旋涡星系与棒旋星系的形态进一步分类后，分别得到由左至右 a、b、c 三种。那么，哈勃选择的分类标准是什么呢？

为解答这一问题，图 5–3 总结出了三条哈勃的分类标准。

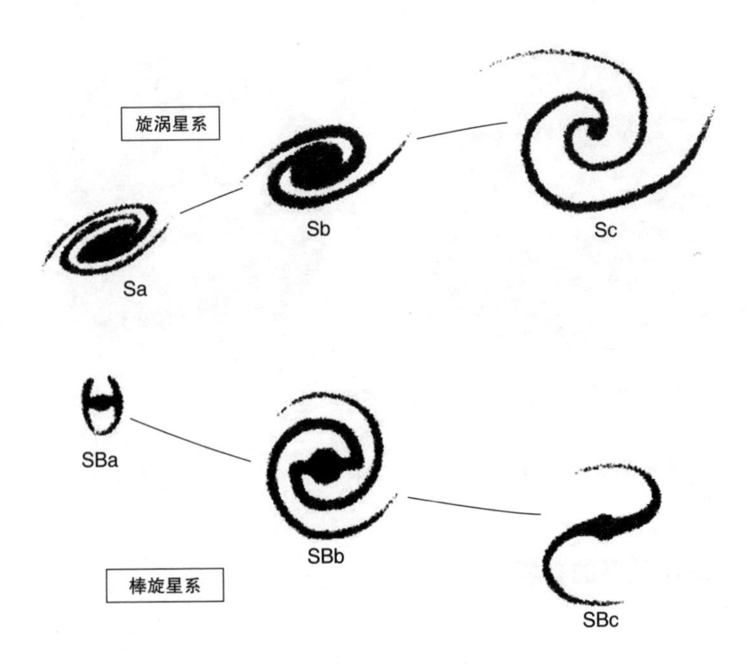

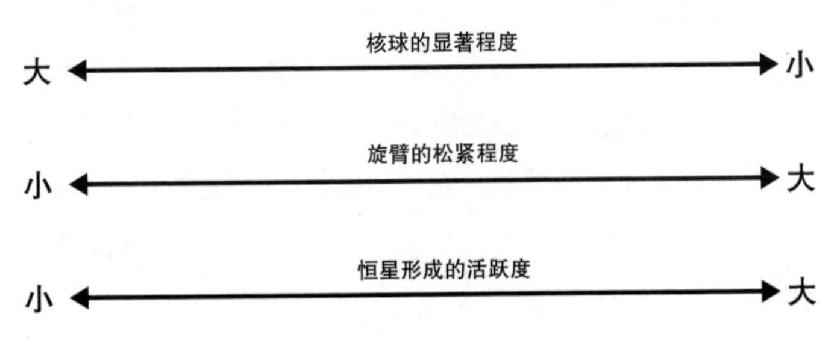

图 5-3　旋涡星系与棒旋星系的形态分类与其性质

由a到c的变化主要依据以下三个参数：

- 核球的显著程度
- 旋臂的松紧程度
- 恒星形成的活跃度

这些参数的变化总结如下：核球相对星系盘的显著程度由a开始递减，核球在a阶段最为明显，到c阶段会越来越不明显。旋臂的松紧程度由a到c越来越松。从图5-1上很难看出恒星形成的活跃度，但事实上由a阶段到c阶段，恒星形成的活跃度是越来越高的。

最初一切都是圆的？

那么哈勃为什么要提议将星系分类成图5-1所示的几类呢？这还要从星系的起源与演化说起。

动植物皆有自己的名称，也都有明确的分类体系。分类的目的并不是单纯为了给它们命名，而是要摸清这些动植物的起源，以及它们是如何一步步演变至今的。

哈勃通过对星系的形态进行分类，试图探究星系的起源问题。用一句话来概括他的想法就是：最初，一切都是圆的。

星系无疑是恒星的大集团，其恒星总量动辄达1000亿颗。

而恒星是从分子气体云中诞生的。因此，人们猜想有一团巨大的气体云的存在，群星都从这团云中出现，形成璀璨银河。

哈勃认为，星系诞生之初呈现接近球形的状态，但星系多少是有角动量维持物体转动的能力在的。于是，在角动量的作用下，星系慢慢开始转动，逐渐形成了扁平结构。由此猜想：有没有可能一个球形的椭圆星系能够在运动中慢慢趋于扁平，并最终变为圆盘形状的盘星系呢？——哈勃正是这么想的。最初核球的形状接近椭圆星系，但核球逐渐变小，最终成为圆盘形。尽管无法解释旋涡松紧程度的变化，但哈勃的脑海中已然形成了这样一个概念：星系是由椭圆星系逐渐演变为旋涡星系的。

只不过他还注意到了另一个问题：椭圆星系与盘星系之间存在很大差异。因此为了将这个逻辑链条连接起来，他导入了一个名为“S0 星系”（见图 5–1）的假想概念。这个星系中存在圆盘，但尚未出现旋涡。在哈勃提出这个分类方法的时代，人们尚未观测到这样的星系，但现在我们已经找到了答案，它是真实存在的。这不得不让人感叹，哈勃的慧眼实在可怖。

不对不对，并非如此

但哈勃设想的“椭圆星系→旋涡星系”的转变是无法实现

的，星系并不善于转变形态。

这里我们需要思考一个问题：星系的形态究竟是如何转变的？星系的形态由群星的分布决定，也就是说星系要想变身，群星的空间分布首先就要发生变化。为此，星系中的恒星要发生碰撞，改变其原本的运动轨道。恒星频繁相撞，才会导致运动轨道产生巨大变化。然而星系中恒星分布本就稀疏（就像在太平洋两端放着的两颗西瓜），很难有相撞的机会，100 亿年的 100 亿倍这样的时长再来 10 轮，或许可以见到星系的形状开始产生变化。但我们知道，现在的宇宙已经 138 亿岁了，所以哈勃提出的星系形态变化基本是不可能发生的。

现在我们知道了，椭圆星系与盘星系的形成机制有所不同，而事实上目前对于这个问题的理解仍不深入。

哈勃在大概 100 年前有远见地提出了星系演化的相关想法，而仅这一点就足以为后世久久赞颂。时至今日，哈勃星系分类法仍然作为研究星系时的指导思想。

哈勃星系分类法的重大意义

哈勃星系分类法的重要性并不仅仅在于它对星系的形态做了分类。事实上，如今人们已经发现，星系的种种特质都在按照哈勃分类法不断地变化。

这里以形成恒星的分子气体云的质量为例进行说明。当前的椭圆星系中基本没有这种云存在，而盘星系中还存有该类气体。随着星系形态由阶段 a 向阶段 c 转变，气体的量相对增长。事实上这也是阶段 c 比阶段 a 生成星体更活跃的原因。

此外，从星系盘的转动速度中也能看出差异。随着星系形态由阶段 a 向阶段 c 转变，转动速度会越来越慢，这也意味着星系的质量在这个过程中越来越小。

为什么会产生这样的转变，具体原因尚未明确。但无法否认的是，哈勃星系分类法具有相当深远的意义，现代天文学者无法绕过哈勃的分类法是有其必然原因的，而哈勃的毕生梦想——解开星系演化之谜的任务就要交由新时代的研究者来完成了。

前面提到，星系的形态是不可能在宇宙现存时间内发生变化的，而这个议题成立的条件是星系要独自存在。这种情况自然意味着星系的形状无法自力更生地产生变化。

那么是不是代表有外力存在呢？这就是我们接下来要讨论的问题了。星系并不孤单，它存在于与周边星系的相互作用之中。因此，星系间相互碰撞、合并的情况也时有发生，这样一来，星系就会大变样。这样的“外力”具体会在第九章和第十章中进行说明。

5–2　星系的情绪

不纠结细枝末节

如果仔细观察星系的形状，大家会发现其实每个星系都有所不同。一万亿个星系就有一万亿种形态。

但正如上一节所说的，大致上我们可以按照哈勃星系分类法描述星系的形态，如此一来就只有椭圆星系与旋涡星系（盘星系）两种了。

旋涡星系中存在旋涡结构，所以看上去比椭圆星系更复杂。但其实在这个细节上纠结并无意义，不论有没有旋涡，星系都只是星系而已。

但不能小瞧我们人类对外表的深刻执念。法国哲学家布莱士·帕斯卡（1623—1662）有言："倘若埃及艳后的鼻子稍塌一些，整个世界的面貌就会是另外一个样子。"后半句还有一种说法，是"世界历史可能会就此改变"。

一名女性的鼻梁高低竟然会有这么大的影响力，实在是不可思议。为什么？我们可以理解为，这是因为人类大脑很擅长分门别类。

那个人个子好高，那个人好聪明，那个人眼光很毒辣……

人啊，就是很善于在看到一个人之后对其展开各种各样的分析。

既然如此，不如将观察和分析的对象从“人”变为“星系”吧，这项天赋能帮助我们轻松地对星系形态进行分类。也正因如此，人们在看到旋涡星系里的旋涡结构时，才会那么在意一些细微的差异。

各种各样的旋涡星系

在哈勃星系分类图（图 5–1、图 5–3）中可以看到哈勃所描绘的星系的形态。椭圆星系中只有球形与椭圆形，旋涡星系的形态则多种多样，不一定和分类图上描绘的一致。因此，我们首先需要观察真实的旋涡星系长什么样子（图 5–4）。

哈勃分类图中，旋涡星系里的旋臂有两个。而图 5–4 所展示的四个旋涡星系里，能看到有两条旋臂的旋涡结构的只有上方两例（M83 和 M74），有三个旋臂以上的 M101 中可以清晰地看到三个旋臂结构，这就是所谓的多重旋臂（Multiple Arm）。此外，M63 中无法清晰观测到旋涡结构，只能隐约能看到一些类似羊毛的结构，这就是絮结旋臂。虽然这样的星系在图中仅展示了四个，但我们仍然能从中窥见旋涡星系的世界是何等丰富。

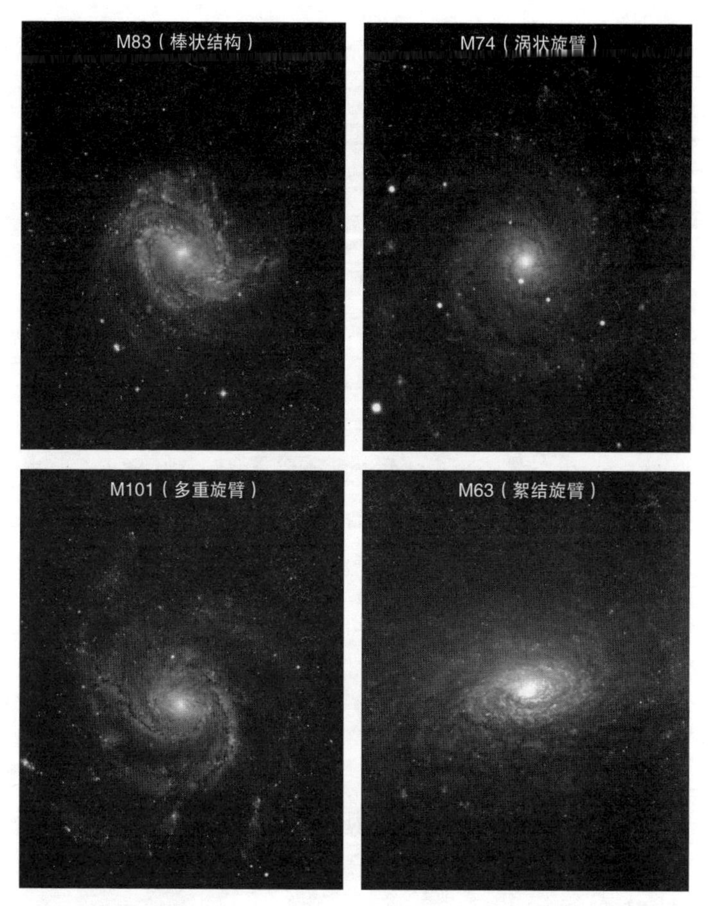

图 5–4　四个旋涡星系

从左至右、从上至下分别为 M83[SBc/SAB（s）c]、M74[Sc/SA（s）c]、M101[Scd/SAB（rs）cd] 以及 M63[Sbc/SA（rs）bc]。方括号内的前半部分为一般的哈勃分类，后半部分则是后文将要介绍的德沃库勒分类。图中的 M83 为马上将要介绍到的棒旋星系的例子。

各种各样的棒旋

接下来是棒旋星系，这种星系的主要特征就是星系盘部位有棒状结构，如图 5-4 的棒旋星系 M83。除此之外，还有些其他样式如图 5-5。

显而易见，棒状结构不但产生旋涡，还产生了环状结构——这种结构也非常特别。

NGC 3351 的星系盘内侧就有这样的环，叫作内环；NGC 1291 的星系盘外侧也有环，这样的环叫作外环。也就是说共有两种环状结构。NGC 1300 星系中虽然观测不到环状结构，但可以预见，其中的旋涡结构如果再缠绕得紧一些就能变成一个闭环。

这样看来，棒旋星系似乎变得更加丰富多彩了。

棒的有无

如图 5-5 所示，并不是所有棒旋星系的棒状结构都能很清晰地被看到，有些星系如果不仔细观察，其实是很难发现其中是否有“棒”的。

注意到这一点的是法国人热拉尔·德沃库勒（1918—1995）。他认为棒状结构与旋涡结构并不是可以同级并列的结构，事实上它们或许是一种演变的延续（图 5-6）。因此人们

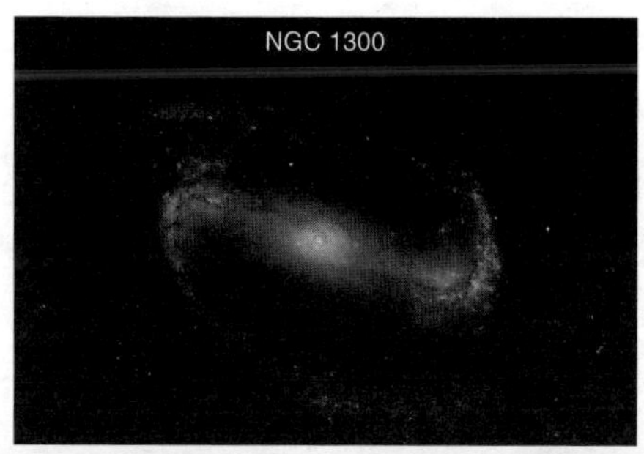

图 5–5　各式各样的棒旋星系

上：NGC 1300[SBbc/SB（rs）bc]。中右：NGC 3351[SBbc/SB（r）bc]。中左：NGC 1291[SB0/a（R）SB0/a]。下：NGC 4736[Sab/（R）SA（r）ab]。NGC 4736 星系并非棒旋星系，只是一般的旋涡星系，但与星系整体都被环状结构包围的 NGC 1291 类似，放在这里以做对比。这些环状结构被称为外环。NGC 3351 中也能观测到环状结构，因为存在于星系盘内部所以被称为内环。（SDSS）

将没有棒状结构的旋涡星系命名为SA，将有棒状结构的棒旋星系命名为SB，二者中间的形态被分类为SAB。

此外，星系盘内部可观测到的环状结构（内环）和旋涡之间的连续性问题也很受关注，于是环状为r，旋涡为s，中间形态则被命名为rs。

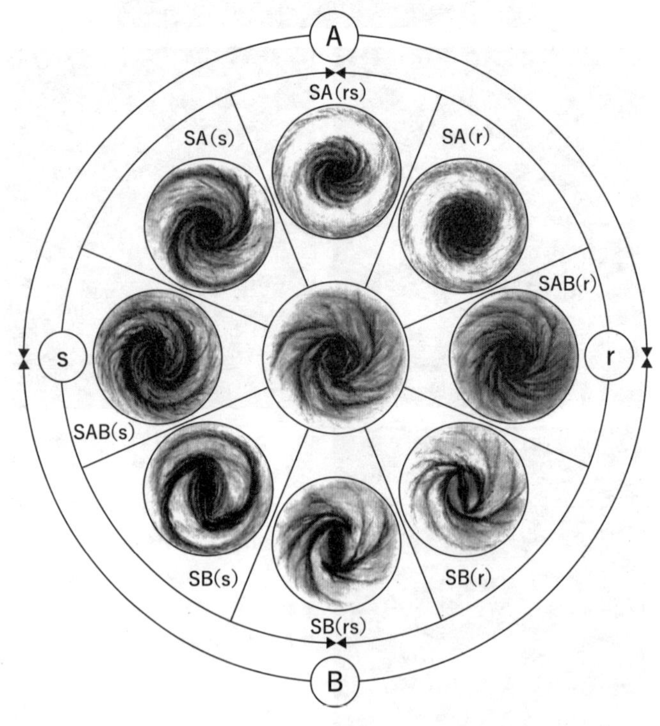

图 5–6　德沃库勒分类法

天文学辞典：https://astro-dic.jp/hubble-classification/。

星系的情绪

“宇宙中怎么会有这么多、这么美的旋涡星系啊！”

正是这个念头将我引上了天文学之路。高二以前我一直打算在大学念法律，但我在中学时期开始逐渐对星系产生兴趣，最终在高三时下定决心考入理学部开始学习天文学。

经过本科、硕士阶段的系统学习，我了解到如今的星系研究已经发展到一个相当成熟的阶段。哈勃分类、德沃库勒分类以及旋涡的形成结构等内容都已出现在教科书中。更重要的是，星系形态这个领域已不是当时的我能随意置喙的。即便如此，我还是将论文选题定为寻找并观测形态有趣的星系。

正是在这一研究过程中，我突然意识到一个问题：

“星系是如何看待自己的呢？”

这问题问得很单纯。而经验告诉我们，越是单纯、质朴的问题，越能直击要害。

“星系是不是从来不会在意自己的外形等要素？”这是我当时苦苦思考的问题。

诚然，宇宙中没有镜子，星系无从观赏自己的外貌；而即便有镜子，星系也做不到望着镜子修饰自己——所以，它们只能是什么就什么样地长久生活下去。

其实没什么大不了的。对星系来说，不管有没有旋涡都不会产生什么影响，不论是旋涡星系还是椭圆星系，对它来说都无关紧要。

不重外表

总之，星系对自己的样子毫不关心，关心这一点的主要是以它为研究对象的天文学家们。

人类是很在意他人目光的生物。我们总是希望自己在打扮得比平时稍微好看一点时能获得来自他人的欣赏。当然，这世上也有许多不在意他人评价、我行我素的人。

但星系的世界全然不同，它们本就对自己的外在漠不关心。而且，应该也不会对其他同伴的外在产生任何兴趣。

星系之间从不互相关注，因为完全没有必要。它们选择了自由自在、随心所欲的人生。（或许不应该叫“人生”而是“星生”？）

基于此，星系的世界中是没有“星种歧视”的，希望我们人类也以此为榜样。

5 3　喜欢黑衣服

今天穿什么呢?

我们在出门前都会思考身上穿什么，再根据衣服搭配鞋子。但这些话题与星系毫不相干，因为星系从不会主动出门。

但它们也并不是完全宅在家里，有时候，一个星系会被其他星系或星系的集团（星系团）邀请出门（详见第九章）。如果周围有质量更大的天体，它们便会被逐渐吸引过去。当然，这样的表述是基于古典力学（牛顿力学）来的。其实，这里必须提到的是阿尔伯特·爱因斯坦（1879—1955）构建的广义相对论。基于相对论，这种情况可以被表述为“沿周围的星系与星系团产生的时空弯曲运动”。

广义相对论认为：存在有质量的物体，意味着这片区域的时空会因为质量分布而产生弯曲。

这里让我们思考一下地球的公转运动。地球围绕太阳做周期为一年的公转运动。根据牛顿力学，这是因为地球与太阳之间的引力（地球被太阳的引力所吸引）才发生的运动。但基于广义相对论，却出现一种全然不同的解释：太阳周围因为太阳的质量而产生时空弯曲，地球正是沿着这样的弯曲而不断运动（图 5-7）。总之，和人不同，星系是从不会主动出门溜达的。

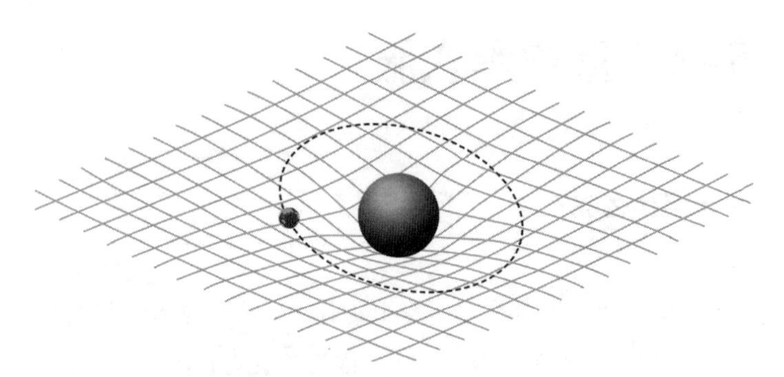

图 5–7　广义相对论对地球公转运动的解释

地球沿着太阳质量造成的时空弯曲运动。

为什么住在豪宅里?

第四章中讲到星系住在大豪宅里，而豪宅的真实面目是暗物质。所有星系都住在暗物质构成的豪宅里。有些小质量的星系（矮星系）并没有暗物质的陪伴，但一般的星系基本都是从暗物质中孕育而生的。

为什么会出现这种情况？据我们所知，物质由原子构成，无论是人、地球还是太阳，皆是如此。但为什么只有星系是伴随暗物质存在的呢？

我们的宇宙已经 138 亿岁了，宇宙诞生之初，既没有星体也没有星系。但如今却孕育出了银河系、仙女座星系等大型的星系。138 亿年的漫长岁月中，超大质量星系的产生是一种必然，毕竟有 100 亿年以上的时间呢。其实事实并非如此，对于星系的诞生与演化来说，100 亿年的时间并不算充裕，甚至可以说很短暂。

为什么说很短暂呢？因为引力这种力实在是过于微弱，其强度大概只有电磁力的一千零三十六分之一罢了。人类的躯体因电磁力才能保持其形态，如果引力有那么强，我们的身体甚至会因承受不住地球引力而无法维持形态并崩溃。相比电磁力，引力实在是太弱了，所以我们现在才能安然无恙地住在地球上。

暗物质操控下的星系

构成宇宙的是重子物质、暗物质以及暗能量三种（参照专栏 1）。与宇宙的质量密度（能量密度）相比，如果仅看物质本身，重子物质仅占 5%，暗物质占 26.5%。暗物质是重子物质的五倍以上，因此，要想在宇宙中建造星系，大量暗物质的引力尤为重要。

也就是说，一切都要从大量暗物质的相互吸引开始。慢慢地，重子物质开始聚集，气体浓度增加，星体也随之诞生。在这种过程中，星系逐渐长大。

如果没有暗物质的协助，星系真的就无法在 100 亿年的时间里成形吗？让我们一起来看计算机模拟的结果吧（图 5–8）。

由这个模拟结果可知，如果只有重子物质存在，那么照宇

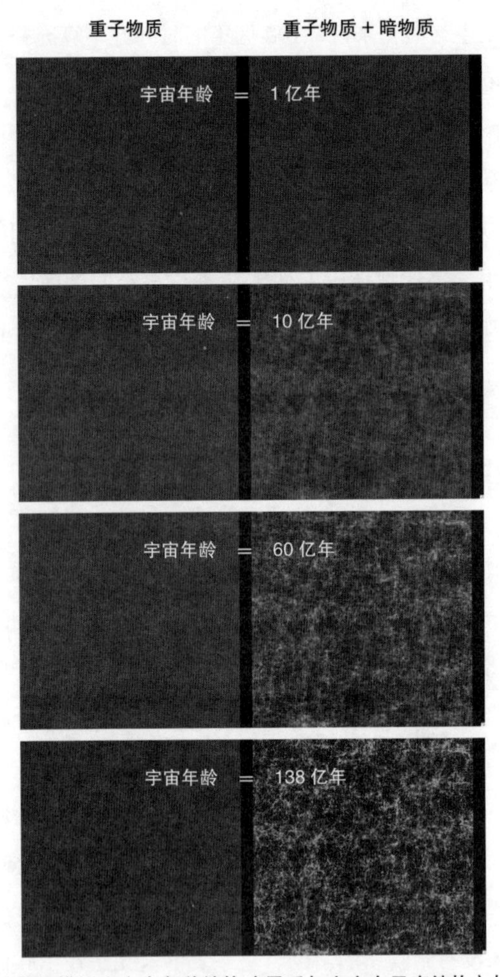

图 5–8 计算机模拟宇宙中各种结构（星系与宇宙大尺度结构）的形成

左：仅有重子物质的情况；右：重子物质与暗物质共存的情况。宇宙年龄由上到下分别为 1 亿年、10 亿年、60 亿年、138 亿年（当前）。[提供：吉田直纪（东京大学）]

宙 138 亿年的历史来看，星系是绝无可能出现的。而如果在重子物质的基础上加入暗物质，就会出现我们现在观测到的宇宙形态。

接下来看一下实际观测到的宇宙的大尺度结构（图 5-9），这是一张根据“斯隆数字巡天”红移巡天项目观测结果制作的 20 亿光年范围内的宇宙地图。可以看到，星系并非均匀分布在宇宙中，而是以星系团和基本无星系存在的区域（所谓“空洞”）像套盒一样的形式分布在宇宙里（如图 5-8 右下所示）。

刚出生的星系也只是个小娃娃

为什么星系的孕育和培养都这么艰辛呢？如前所述，引力的力量非常微弱。另外，星系的“种子”尺寸和质量都很小。星系在刚出生时，也只是个可爱的“小宝宝”。

我们来看一下星系的“种子”（图 5-10），这是大爆炸的遗迹——宇宙微波背景辐射的全景地图（详见专栏 2、3）。图中宇宙的年龄为 38 万年左右。

这张图上可以看到颜色深浅不一的区域，那代表温度差异。平均温度在 3K（开尔文）。开尔文指的是绝对温度，0K 等于零下 273℃，3K 等于零下 270℃。也就是说这张图上所见的宇宙平均温度在零下 270℃，是一个极其低温的世界。

图中各处的温度起伏，经过强调表现得较为明显，但实际

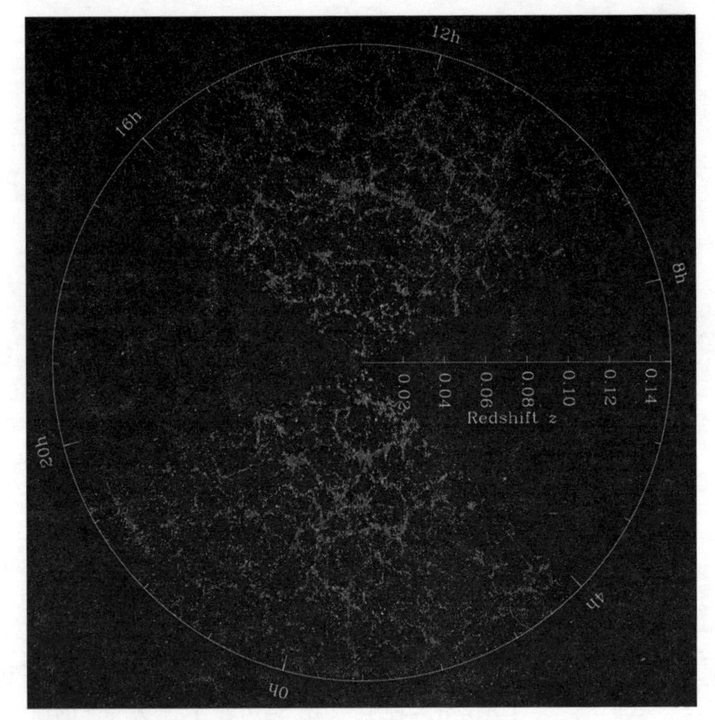

图 5–9　宇宙的大尺度结构

斯隆数字巡天（口径 2.5 米的宽视场望远镜搭载巨型数码相机，可以利用可见光波段探测 25% 的天空）拍摄的宇宙大尺度结构。银河系位于图中中心位置，距离大圆边缘距离为 20 亿光年。一个点对应一个星系。（SDSS）

上真实的温度差异只有其十万分之一左右，如果将平均值设为 1，这张图中所表示的值也就在 1 ± 0.00001 的狭小范围内。

温度偏高的区域对应着图中密度较高的地方。因此，这张图中我们所看见的这些高密度区域就是星系的“种子”。银河系的“种子”也在这张图的某处。这么小的“种子”成长为如今可观测到的如此大质量的星系，是多么辛苦的事啊。

图 5-8 向我们展示了星系的诞生和演化模拟图，该模拟的初始条件是基于宇宙微波背景辐射的波动。

图 5-10 大爆炸后的宇宙微波背景辐射全景图

图中宇宙的年龄在 38 万年左右。(普朗克卫星)

冰冷的暗物质

就这样，随着暗物质引力的吸引，星系逐渐诞生、演化。这个过程对暗物质的性质只有一个要求，就是温度。

尽管我们还不知道暗物质究竟是什么，但仍然掌握了其性质方面的一定规律。首先，暗物质一定是不能被电磁波观测到的物质，所以它一定在电磁方面呈现中性状态（不携带电荷）；其次，暗物质一定很重，如专栏 1 中写到的，暗物质的密度是重子物质的数倍；最后也是最显然的，暗物质和普通物质一样存在引力相互作用。尽管宇宙的各个角落都有它的身影，但它更常出现在大质量的天体附近。也就是说，它会更多地分布在星系团而非星系附近。如果暗物质的寿命不能超过宇宙年龄的话就麻烦了，因为它参与着星系的诞生与演化，而这一项工作还将在以后长久地持续下去。

另外还有温度。这里所说的温度代表着物体将以怎样的速度在宇宙中运动。在这里，我们将以光速运动的物体用“hot”（热）来表现。星系中的运动速度（例如旋涡星系的转速）动辄秒速数百千米，那么为了承担星系的诞生和演化工作，暗物质的速度也必须达到这个水准，而以这种速度运动的物体便以“cold”（冷）来表现。本书中提到的暗物质均为冷暗物质（Cold Dark Matter，CDM）。

描绘暗物质的宇宙地图

图 5–8 的模拟结果显示，如果没有暗物质，星系与宇宙的大尺度结构的形成便没有合理解释。在 4–2 节中也提到，要解释旋涡星系的旋转速度就必须借由暗物质的存在。也就是说，我们正在寻找暗物质的观测性证据，但仍力有不逮。如果在更

广阔的范围内观测宇宙，星系与暗物质的空间分布一致的话，就能做出判断：暗物质确实是星系诞生的诱因。

星系的空间分布通过观测即可得知，但要想探查“看不见”的暗物质的空间分布却并非易事。不过我们所居住的宇宙有一副好心肠，它教给了我们调查方法——引力透镜效应。

在解释地球公转运动时，基于广义相对论可知，地球是沿着太阳质量造成的时空弯曲而运动的。这是由于大质量物体的存在导致周围时空产生了弯曲。如果光穿过弯曲的时空，也会呈现出地球运行轨迹一般的扭曲，这就是“引力透镜效应”。俄罗斯的奥雷斯特·柯沃森于1942年基于爱因斯坦广义相对论发表的论文即以此为主题，但爱因斯坦指出，这在道理上虽然讲得通，却不可能被观测到。

但1979年人们成功发现了引力透镜，此后越来越多的引力透镜效应被观测到。让我们来看一个例子（图5-11），星系团阿贝尔2218是距地球约23亿光年的星系团，这张照片中可以看到许多不可思议的弧状结构，这些并不是阿贝尔2218内部的星系，而是更远处的星系由于阿贝尔2218的引力透镜效应影响所产生的影像。

星系团阿贝尔2218中有数千个星系，质量非常大，以致其周围的时空极度扭曲。因此，位于星系团后方的星系的光由于引力透镜效应而发生弯曲，从而被我们观测到。

在这些透镜影像中，我们可以看到阿贝尔2218星系团和其后远方的星系，以及阿贝尔 2218 内部的各种景象。也因此，我们能看到其中存在大量弧状结构。如果阿贝尔 2218 的物质分布中心与观测到的远处星系的方向一致，且阿贝尔 2218 内的物质分布形态呈球形，透像将会呈现环形（被称作爱因斯坦环）。

图 5-11　星系团阿贝尔 2218 中发现的引力透镜现象

（STScI/NASA）

利用引力透镜探访暗物质的居所

相信大家在听到引力透镜这个概念时都会觉得很难理解，我们只要把它当作普通的光学透镜（放大镜）即可。用放大镜观察小虫子时，虫子的大小由放大镜的倍率、放大镜、我们的眼睛和虫子三者之间的位置来决定。这里我们做一个类比：

放大镜＝星系团阿贝尔 2218

虫子＝比星系团更远的星系

倍率＝星系团的质量

研究远处星系的引力透镜影像，即可搞清楚星系团的质量及质量分布（当然也必须测出星系团与星系之间的距离）。其中最重要的一点是，星系团的质量并非星系中星体的质量，而是占据星系团大部分的暗物质的质量。因此通过引力透镜效应，我们便可以制作出星系团内部及周边的暗物质地图。

宇宙演化巡天

运用此法，人们终于在 2007 年制作并公布了暗物质的宇宙地图。这项成果得益于哈勃空间望远镜的骨干计划“宇宙演化巡天”（The Cosmic Evolution Survey，COSMOS）。这项巡天项目通过观测 9 个满月大小的天域（图 5–12）获得了 100 万个星系的详细数据。在测算星系距离的观测中使用到了昴星团望远镜。

通过所得数据制作的暗物质三维示意图如图 5–13 所示。

图 5-12　昴星团望远镜的主焦点相机 Suprime-Cam 拍下的天域

覆盖了 1.4 度 ×1.4 度（约 2 平方度）的范围。为比较大小，图中添加了一个满月。图中所拍下的天域范围基本上与 9 个满月的大小相当。（作者提供）

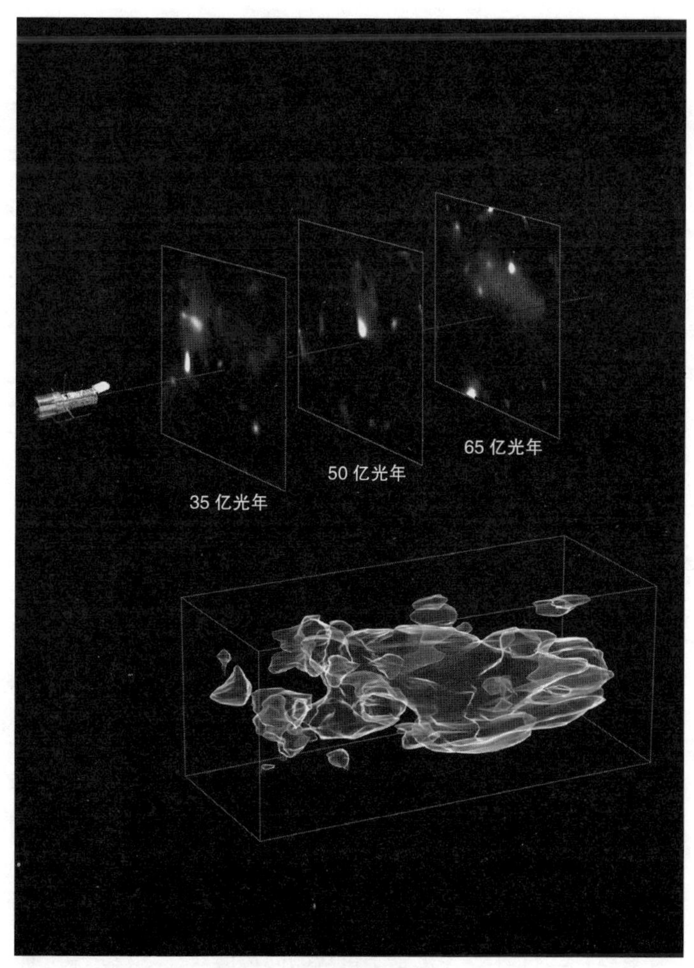

图 5–13　世界上第一张暗物质的三维示意图

下方长方体深度约 80 亿光年，侧面为边长约 2.4 亿光年的正方形。上方从左至右分别为 35 亿光年、50 亿光年、65 亿光年的暗物质分布示意图。（STScL）

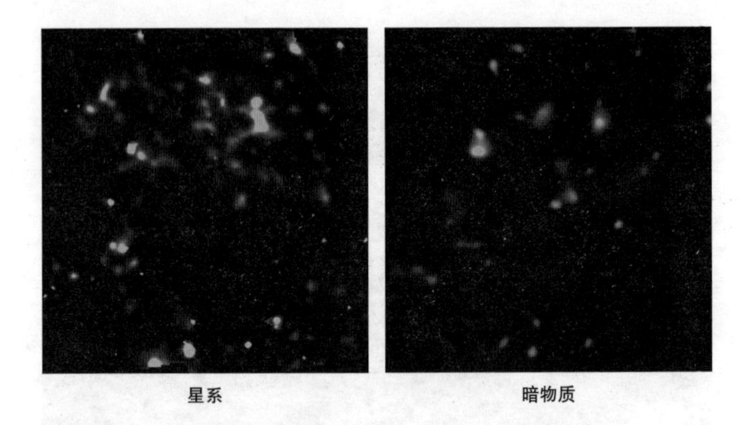

图 5–14　投射在天球表面的星系（左）与暗物质（右）的分布对比
（STScI）

这个观测的范围远至 80 亿光年，其中看上去像云一样的部分就是暗物质的空间分布。

为简单明了地比较星系与暗物质的空间分布，这里为大家展示投射在天球表面的二者分布情况（图 5–14），可以看出两者重合的部分很多。而在实际观测过程中，星系确实也分布在暗物质云中。该观测首次证实，暗物质在星系的诞生与演化中承担了重要职能。

关于这一部分的详细解说，可移步拙作《宇宙演化之谜》（讲谈社，2011 年）、《星系宇宙观测的最前线："哈勃"与"昴星团"的伟大合作》（海鸣社，2017 年）阅读。

大家统一穿黑衣

星系的诞生与演化之谜就此解开，原来这一切都是不知其详的暗物质在背后一手操办的。

星系本身有着各种形态，给我们的观测和研究带来无穷乐趣。但它们都穿着又黑又大的外套——暗物质晕。暗物质晕并不随星系的形态发生变化，它们全部是球形的。

看起来星系们的关系还真不错。越大、越重的星系，穿的“外套”也就更大、更重。但不论大小、轻重，暗物质的性质都是一样的。如果暗物质的真身是未知基本粒子，那么很有可能都是同一种基本粒子。

我们人类对服饰的材质有着极高要求，而星系却丝毫不在意这一点，大家统一穿着同种材质的黑色衣服。

即便有 1 万亿个星系存在，它们身上的“衣服”无论是颜色（黑色）还是款式（球形），都不会有任何差异。可以说，星系在穿衣打扮这方面是非常“无欲无求”了。

第六章

从旋涡星系看星系的生存

6-1 旋转着的旋涡星系

转动的旋涡

旋涡星系是不断转动着的。与其说它想要一直转动，不如说转动就是旋涡星系的宿命。同时，转动也与它的形成息息相关。

不论是星系、恒星还是行星，一切天体都有一个基本的“量”。例如：

- 形状
- 大小
- 质量
- 角动量

……

（天体内部的质量和角运动量的分布也很重要，但这里先略过不提）

这里的角动量简单来说就是“维持转动的力”，从定义上来说指的是“动量矩”。

首先来为大家说一下动量这个概念。动量 p 指的是质量为

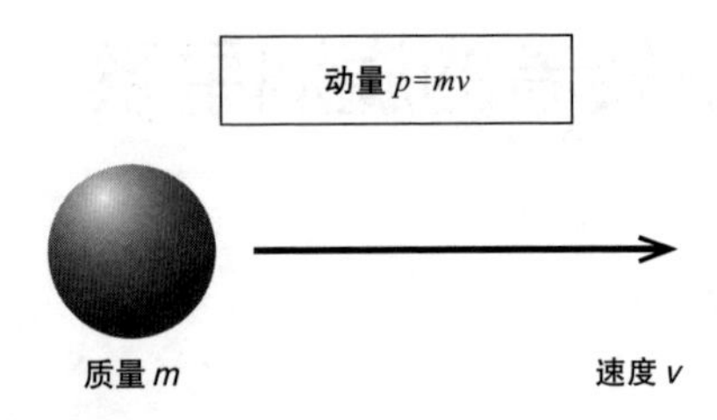

图 6–1 动量的概念

m 的物体以速度 v 运动时，$p=mv$ 得到的物理量（图 6–1）。质量越大速度越快，则动量也越大。这里的 m 是只有大小的物理量（称为标量），而 p 与 v 不但有大小，还有更重要的方向（被称作向量）。

为了区分标量与向量，一般将向量标为粗体。此外一般将能测定的量标为斜体。由于这三个量都能测量，所以全部都被标为斜体。

旋转的能力

角动量是在“动量”一词的前面加了个“角”字。如前所述，角动量是运动量 p 的矩，这里所说的“矩”指的是距离与某个物理量的向量积（即外积）。最终，与动量 p 正交位置的向量臂长 $r\cos\theta$ 和 p 的乘积即是角动量（θ 是位矢 r 和 x 轴的交角）。臂长越长，动量越大，则角动量越大（图 6–2）。

为什么这里要先提一下角动量的概念呢？宇宙中的所有天

体多少都有角动量，这意味着它们都在转动。地球的自转周期是 24 小时，太阳的自转周期是 25 天（太阳赤道附近是 25 天，极区为 30 天左右）。

那么自转是从何而来呢？地球自转与太阳自转的原因是不同的。太阳这样的恒星自气体云中诞生，可能会有残留的气体云所携带的角动量使得太阳产生自转；而地球的自转则是由于地球诞生时，太阳系内许多小天体的合并才让地球产生自转。

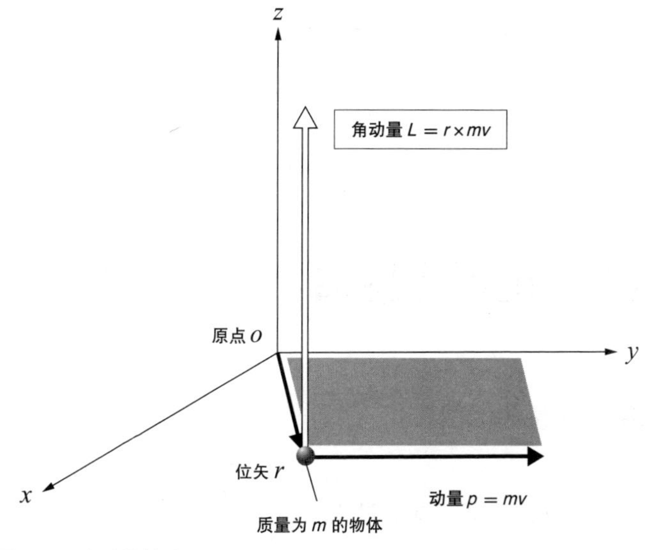

图 6–2　角动量的说明

x–y 平面上距离原点的距离 r 的位置上有一质量为 m 的物体，沿 y 轴以速度 v 运动。角动量 L 在位矢 r 与动量 p 正交方向上，其大小是位矢与动量矢量所成平行四边形的面积。

旋涡星系为什么旋转?

为什么星系也会旋转（自转）？基本有以下两种说法。

自力说：形成星系的巨大星云原来就带有角动量（图 6–3）。

外力说：星系生成时的“种子”不带有角动量，但在“种子”不断结合的情况下，慢慢开始携带角动量（图 6–4）。

考虑到星系的历史（详见专栏 3），似乎外力说更有说服力。两个天体（不论是恒星还是星系都可以）的结合，是二者在各自的轨道上运动时慢慢完成的。天体在进行轨道运动时伴随着角动量的产生，被称作轨道角动量。合并时，轨道角动量便成为合并后天体的角动量。

6–2　星系也旋转

描绘银河系的地图

我们已经在第三章见过银河系家园的样子了（图 3–4），它是一个无比美丽的棒旋星系。而要想通过可见光对它进行更仔细的观测却并不合适，这是因为银河系的银盘部位分布着大量尘埃，这就导致我们无法看得很远很透彻。因此，我们需要

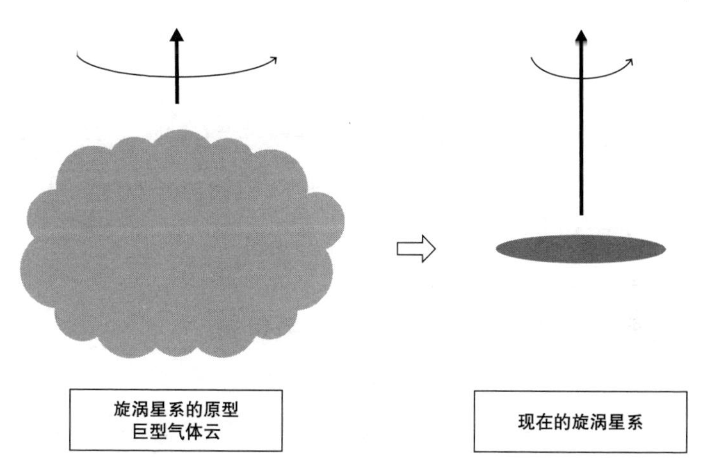

图 6–3　旋涡星系的角动量的起源：自力说

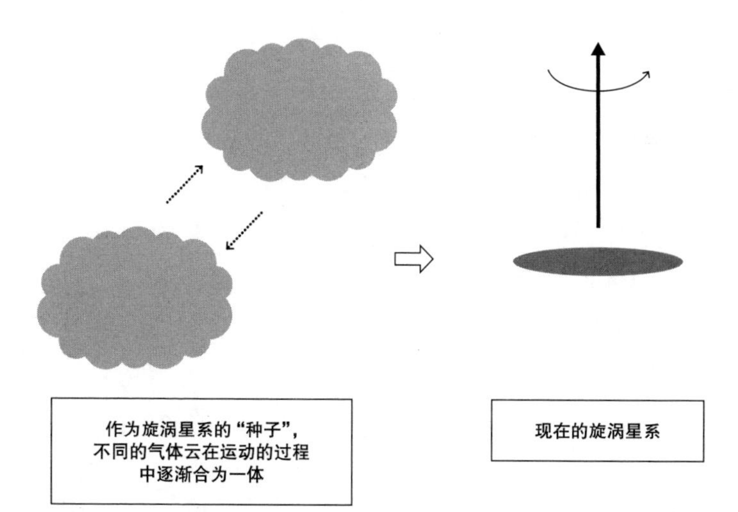

图 6–4　旋涡星系的角动量的起源：外力说

氢原子气体辐射波长 21 厘米的电磁波谱线来进行观测。

电磁波辐射下的强力谱线并非只有中性氢原子 21 厘米谱线这一种，水分子（水蒸气）辐射谱线也大有用处。目前日本正在推进谱线观测活动，也就是日本国立天文台・水泽 VLBI 观测站的 VERA 计划。

VLBI 能观测到月球表面的高尔夫球洞

大家想必对水泽 VLBI 观测站名字中的“VLBI”很是陌生，这是甚长基线干涉测量（Very Long Baseline Interferometer）的缩写，就算翻译过来依然不是什么常见词汇。

说起电磁波观测，就会让人想起抛物面天线。VLBI 中同样使用了抛物面天线，而且不止一台——至少要两台以上的天线组合才能够保证观测系统正常运转。由于电磁波波长较长，而一台天线的分辨率又太低，所以只能拍到一些模糊的相片。但是若将天线的距离拉开，天线之间的距离就会变成射电望远镜的口径大小。也就是说相隔一千米进行观测，就会变成口径一千米的射电望远镜。望远镜的口径越大，其分辨率自然就会越高。

2019 年 4 月，人们成功获取了“室女座星系团”中超巨型椭圆星系中心潜藏的黑洞的图像，背后的功臣正是被称作“事件视界望远镜”的、和地球视直径同样大的 VLBI。VLBI 的分辨率可以支持其观测到月球表面的高尔夫洞，它对黑洞的成功观测来说不可或缺。日本国立天文台·水泽 VLBI 观测站的诸位工作人员也对这次观测做出了巨大贡献。

追求真相的 VERA

话题回到 VERA（VLBI Exploration of Radio Astrometry）。VERA 由四台口径 20 米的抛物面天线构成，然而这四台并不是全在岩手县水泽。它们分布在 4 个地方，分别是岩手县水泽、鹿儿岛县入来、冲绳县石垣岛和东京小笠原群岛（图 6–5）。

距离水泽最远的当属 2300 千米之外的石垣岛。这代表着 VERA 作为射电望远镜口径达到了 2300 千米。在该系统中，利用水蒸气和一氧化硅释放的谱线（频率分别为 22GHz、40GHz）进行观测，可将天体位置的测定精度控制在 10 微角秒。1 角秒为 1/3600 度，“微”代表一百万分之一。说明这座望远镜观测的精度在 1 角秒的十万分之一那么高。

VERA 的观测目标并非气体云。观测到的水蒸气虽为气体，却只是位于恒星周围的气体。银河系中 VERA 能观测到的星体在 1000 个左右。这些星体与地球之间的距离主要是利用三角测量法来测算。值得一提的是，VERA 在拉丁语中意为“真实”，取这个名字意味着我们将利用 VERA 探究银河系的真实面目——多么有趣的双关啊。

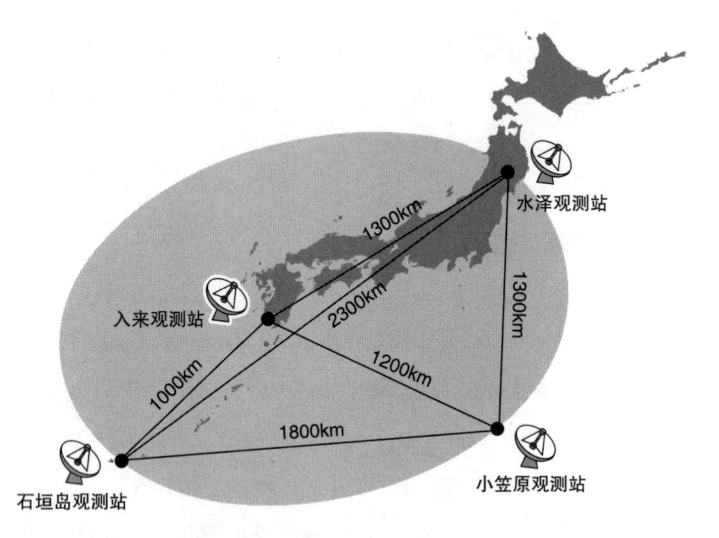

图 6–5　VERA 项目中天线设置所在地

来源：https://www.miz.nao.ac.jp/veraserver/system/index.html。

利用地球公转运动的三角测量法

下面我们来看一下三角测量究竟是怎样一种观测方法。

地球围绕太阳做周期一年的公转运动。在两个时期（如春季与秋季）观察同一颗恒星，会得到图 6–6 上的结果，观测方向稍微发生一些偏移。而这个偏移的角度 P 就叫作周年视差。

地球与太阳的距离约为 1.5 亿千米（即 1 个天文单位），如果将太阳与星体距离设为 d，会得到：$\tan P=1.5$ 亿千米 $/d$。

求得周年视差 P，便可以得出到星体的距离 d。

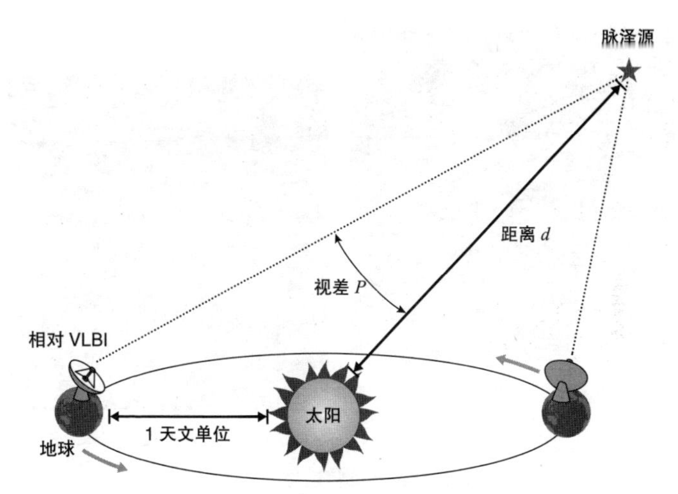

图 6–6 VERA 所使用的三角测量（周年视差）测量原理

脉泽源为释放水蒸气与氧化硅谱线的星体。来源：https://www.miz.nao.ac.jp/veraserver/outline/ vera2.html。

转动的银河系

2013 年，VERA 的早期成果得以公布。当时，测量得出了 52 个天体数据，人们获得了银河系的旋转图像（图 6–7）。这全都得益于 VERA 超高的观测能力。

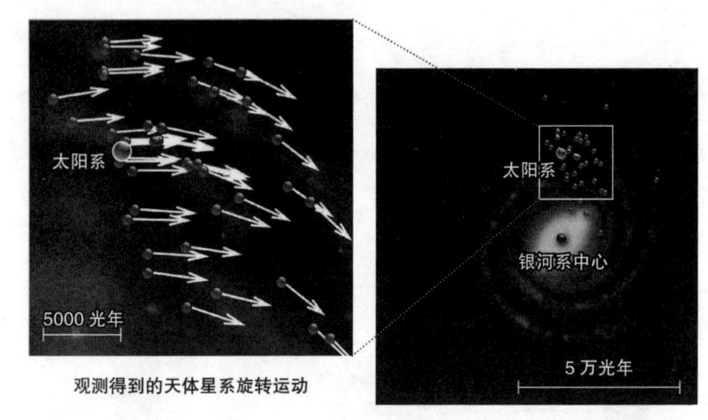

观测得到的天体星系旋转运动

精密测量后得到的 52 个天体的分布

图 6–7　VERA 观测得出的银河系旋转运动

来源：http://www.miz.nao.ac.jp/vera/sites/www.miz.nao.ac.jp.vera/files/ 52MSFR.jpg。（日本国立天文台・水泽）

6–3　2 亿年一圈的旋转

旋转时速 90 万千米

根据 VERA 测定的银河系群星的精确距离与运动速度，我们还得知了两个重要事实。

首先是太阳与银河系中心的距离为 26100 光年；其次是太阳的公转速度为 240 千米 / 秒，也就是 90 万千米 / 小时。太阳的公转速度在此前一直被认为是 220 千米 / 秒。根据此次最新测算结果，较之前又提升了 20 千米 / 秒。这部分的提升，说明星系盘部分的暗物质的量一定又多出了 20%。

240 千米 / 秒的公转速度已经相当快了，事实上换算为时速这个数字就变成了 90 万千米 / 小时。东北新干线“隼号列车”的时速为 320 千米，90 万千米是它的 2800 倍。太阳公转速度之快实在令人瞠目结舌。

那么旋转一圈需要多久呢？我们来试着计算一下吧，将太

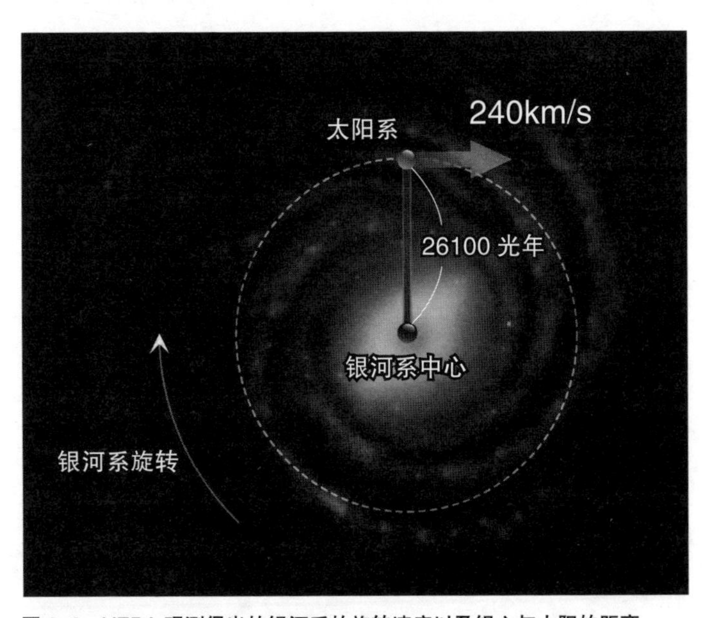

图 6-8　VERA 观测得出的银河系的旋转速度以及银心与太阳的距离

来源：https://www.miz.nao.ac.jp/veraserver/hilight/2012press_honma.html。（日本国立天文台・水泽）

阳系围绕银河系公转的周期设为 T[①]，则有公式：$T=2\pi R/V=2.1$ 亿年。其中 R 为太阳与银心的距离，V 为太阳公转的速度。

太阳系 46 亿年的过去与未来

既然旋转周期为 2.1 亿年，也就是说距今 2 亿年前太阳系刚好旋转到和目前差不多的位置。那时候地球上正处于侏罗纪，恐龙才是地面的霸主。而今人类成了称霸陆地的主角，不禁让人对未来产生隐隐担忧：如果再过一个周期（2 亿年后），地表世界又将是谁的天下呢？那时，人类还会安然存活于世吗？

太阳系诞生于 46 亿年前，最初的 6 亿年被称为冥古宙，那时已经围绕银心转了 3 圈了；之后的 15 亿年被称为太古代（新生代），也就是又走了 7 圈半；直到今天，自太阳系诞生以来，它已经绕着银心走了 20 圈以上。

宇宙目前 138 亿岁，而星系的种子大约诞生于宇宙 2 亿岁的时候（详见专栏 2），银河系长成如今这样的规模是在数十亿年前。如果现在这样的旋转持续 130 亿年，也就意味着要转 60 圈以上——不禁让人感叹，银河系辛苦了。

尽管作为一个独立的星系诞生，但银河系的角动量却没有

① 由于银河系内所有的天体都在围绕银心旋转，因此太阳公转的周期即为银河系的旋转周期。

消失，因为若要减少角动量，就必须有一个接收对象。

银河系以后也将长长久久地旋转下去，直到数十亿年后与仙女座星系相撞合并。那之后又是完全不同的一番景象了，详情请见第十章。

6-4　一项做了 10 亿年的工作

星系的生活

我们不禁好奇，星系过着怎样一种生活？它们有好好地在工作吗？

银河系等现在我们能观测到的星系都是恒星的大集团。但最初它们只是一团巨型气体云，一颗恒星都没有。银河系中目前存在 2000 亿颗恒星，是耗费了超过 130 亿年的时间从气体中孕育出来的。简单计算一下就是平均一年产出 15 颗恒星（恒星生成率）的速度。

银河系是棒旋星系，银盘直径为 10 万光年，如此巨大而美丽的银盘并不是一开始就存在的。当我们观测现在的银河系时，会发现恒星主要在这个银盘中诞生（图 6–9）。而接下来我们要试着思考的就是，群星究竟是如何从中诞生的。

图 6-9　孕育群星的银河系星系盘（白线内区域）

来源：http://sci.esa.int/gaia/60169-gaia-sky-in-colour/。

创造恒星的 100 亿年

观察图 6-9，我们能看到暗云盘桓在银盘周围，暗云的真实身份是包含尘埃的气体云，主要成分为冷分子气体云。冷的地方有 10K（零下 263℃），被恒星加热过的地方也只有 50K（零下 223℃）。这是一个极寒的世界，也是群星的故乡。

这样的分子气体云存在于银河系赤道平面、总厚度为 400 光年的领域之内，恒星产生于分子气体云的致密处（分子云核）。云核由于自身引力而坍缩，中心部位发生核反应，才开始闪耀星辉。考虑到恒星这样的诞生过程，针对银河系中的分子气体云的分布及性质的调查研究便显得十分重要。

向风神祈祷

在坐拥口径 45 米的大型射电望远镜（见图 6–10 左）的日本国立天文台野边山宇宙电波观测站，一项关于巡天银河系大规模分子气体云的计划被提上日程。这项计划名为 FUGIN，日语中写作“風神”。

关于银河系星系盘的巡天历经四年，范围也已经达到了 520 个满月大小。

事实上，为了提升观测效率，FUGIN 计划专门开发了新型光谱仪 FOREST（图 6–10 右）。射电望远镜观测天体时，会在焦点设置一个信号接收器进行观测。而 FOREST 能够做到同时在四个位置进行观测。这种信号接收器被称为多波束接收器。如此一来，观测效果能直接提升为原先的四倍。不仅如此，它还可以做到对三种光谱线同时进行观测，有了三种分子谱线，就能判定分子气体云的密度与温度（只有一种的情况下只能在限定范围内观测）。

让我们来看看 FUGIN 计划能观测到的范围吧（图 6–11）。可见光下可以看到暗云，尽管看上去很黯淡，但在分子层面却能看到许多不同结构。暗云所在之处就有分子气体云，这是显而易见的。此外，可见光照片中看上去很黯淡的区域，在无线电波（射电）的观测下反而会发亮。

图 6-10　FUGIN 计划的射电望远镜和接收器

左：日本国立天文台野边山宇宙电波观测站的口径 45 米射电望远镜。右：FUGIN 计划中开发的高性能多波束接收器 FOREST。（提供：天文学辞典，日本国立天文台野边山宇宙电波观测站）

分子气体云致密的地方诞生恒星，但这个过程需要多久呢？此外，恒星诞生后，这里又会变成什么样呢？如果从气体中孕育恒星是星系的工作，这些问题的答案就相当重要了。

宇宙的事业：10 亿年专注一件事

银河系的银盘中有许多恒星，而那些晦暗的区域中有大量气体和尘埃，这就是我们所说的暗云。

星系的恒星盘中，气体孕育群星，恒星死去则又将气体返

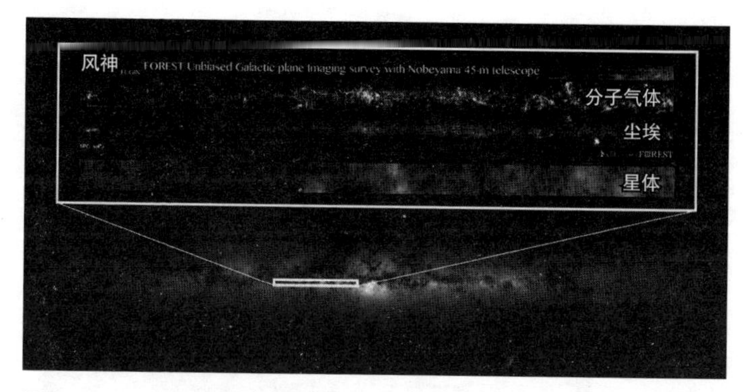

图 6–11　FUGIN 计划的观测范围

FUGIN 计划观测到的银河系的分子气体云（框中最上方）。为做对比，将尘埃与星体分布放在下方。FUGIN 数据提供：梅本智文（日本国立天文台野边山宇宙电波观测站）。亦可参考以下资料：https://www.nro.nao.ac.jp/news/2018/0125-umemoto.html#fugin。GAIA（盖亚）卫星拍摄到的全天域相片：http://sci.esa.int/gaia/60169-gaia-s-sky-in-colour/。（ESA/GAIA/DPAC）

还给恒星盘。这个循环相当有规律。正是在这样的气体与星体的轮回中，星系逐渐演进、壮大。

图 6–12 展示了上述描述。在恒星盘的某处区域，气体孕育出星体。而这片区域到底发生了什么呢？让我们一探究竟。巨型分子气体云生成→恒星诞生→恒星死亡（超新星爆发）→气体冷却，回到恒星盘，又变为巨型分子气体云。这一系列的过程需要花费约 10 亿年。也就是说，恒星盘中“气体→星体→气体”这个轮回以 10 亿年为一个循环。

爸妈结婚，孩子出生；孩子长大成人，再结婚拥有自己

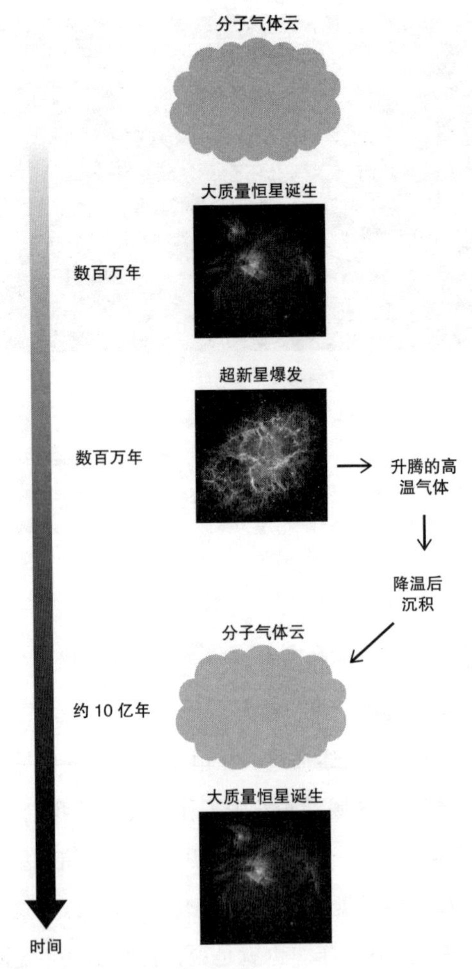

图 6–12　气体孕育恒星的循环

在银河系的银盘“某处”，气体孕育出恒星，恒星死后又以气体云的形式回归。纵轴为时间。

的宝宝。人类世界的这个循环需要30年左右。但在星系的世界中，这个循环就需要10亿年了，只能说星系真是个慢性子……但星系却不把这件事放在心上。我们的30年对星系来说就是10亿年而已。

"外包工作"也得花10亿年

正是因为有这样的循环，银盘中的气体云在累积的同时还能孕育出恒星，而这个地方就是我们观测到的暗云。

在银道面（银河平面）的北侧方向上，我们能看到凸起的圆形暗云，这片结构就是古尔德带（图6-13），由美国天文学家本杰明·古尔德（1824—1896）在1879年发现。

古尔德带直径横跨3000光年，是一个不完全的环状领域，从银道面翘起大约20度，包含了天蝎座、半人马座、南十字座以及冬季的猎户座、大犬座等星座，这些星座中明亮的恒星皆位于古尔德带中。其中也有很多孕育星体的区域，在氢原子和一氧化碳分子的观测中同样能观测到古尔德带。

古尔德带的成因尚不明确，但它的一个重要特征是"从银道面翘起约20度"。如果银河系是一个独立的体系，那创造出这样的结构就会十分困难。但是如果银河系曾经与小型星系相撞过，观察其撞击痕迹就可以解开这个谜团。事实上，我们在银河系中确实观测到了与小型星系相撞过的痕迹（详见第

图 6–13　古尔德带

来源：http://sci.esa.int/gaia/60186-gaia-s-surprising-discoveries-scrutinising-the-milkyway/。

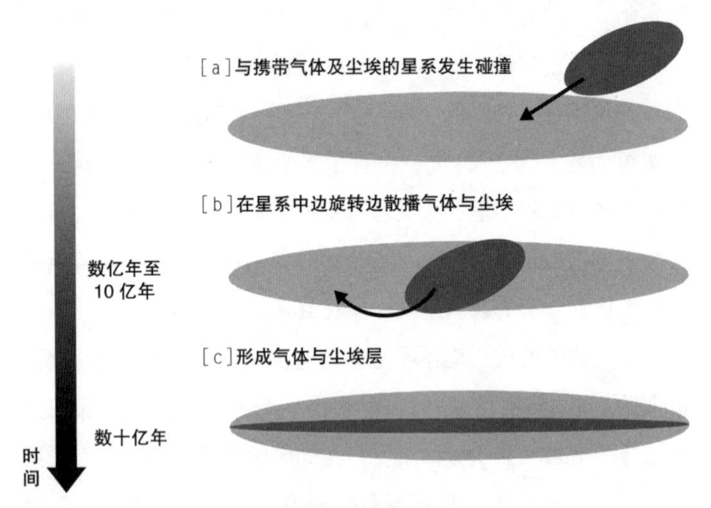

图 6–14　银河系与小型星系相撞过程示意图

小型星系斜向冲撞过来所引发的局面。这就可以解释古尔德带在阶段[b]形成的结构。

八章）。

如果与小型星系相撞是真的，那么古尔德带与银道面倾斜相交，星系从倾斜方向（相对于银道面来说）撞上来就是合理的。撞上来的星系在银河系中盘旋并最终稳定落在银道面上，然而这一过程就耗费了数十亿年（如图 6–14）。

尤其是当这个相撞的小型星系所携带的尘埃和气体与银河系中原有的气体云也发生碰撞时，便会产生致密区域，这个致密的气体云中也就因此具备了孕育星体的条件。

尽管我们说星系的工作是用气体制造恒星，但这种因外部因素而产生恒星的情况也是有的。不管银河系喜不喜欢，恒星的诞生是必然。星系有时候也会摊上这种“外包工作”。

第七章

从椭圆星系看星系的生存

7-1 椭圆星系的形状

外观呈椭圆形

接下来我们来看椭圆星系。通过哈勃星系分类法（图5-1）可知，椭圆星系的形状从圆形到扁平的椭圆形各异。

然而，不论是圆形还是椭圆形都是二维图形，而椭圆星系真正的形态还是三维结构。我们所看到的其实是椭圆星系投射在天球表面的形状，所以只能看到圆形或椭圆形。“椭圆星系”这个名字的由来也是“我们看到的是椭圆”。

从 E0 到 E7

星系分类法（图 5-1）中可以看到 E0、E3、E7 等标记，全部是“E+ 数字”的组合形式。

首先说这个“E”，由于椭圆星系的英语为“Elliptical Galaxies”，因此以词组的首字母“E”来代表椭圆星系。旋涡星系的英文是“Spiral Galaxies”，因此以首字母“S”来表示旋涡星系。

E 后缀的数字与椭圆的扁率相关。椭圆的扁率 e 与椭圆的长半径 a 和短半径 b 有关，公式为：$e=(a-b)/a$。

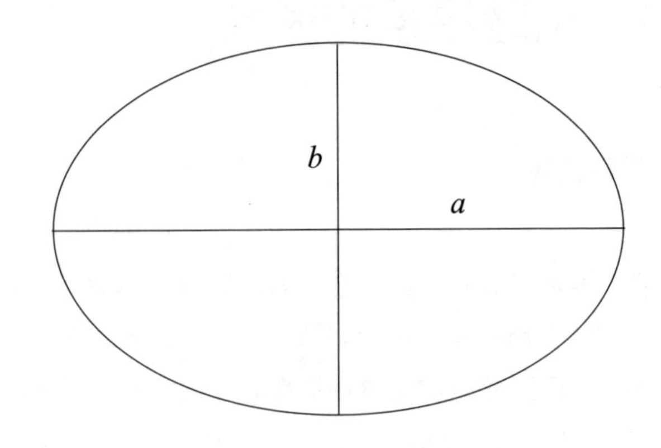

图 7–1 长半径 a 与短半径 b 的椭圆

扁率 $e=(a-b)/a$。

当 $a=1$、$b=0.4$ 时，$e=(1-0.4)/1=0.6$。

这个值扩大 10 倍后再缀在 E 的后面，这时，该椭圆星系的形态就是 E6。也就是说椭圆星系的形态标识为 E10e。

椭圆星系为何被分成八种次型

难道只有 E0—E7，没有 E8、E9、E10 了吗？

首先说 E10，只有在 $b=0$ 时才能出现 E10，但这也就代表该形状已经不是椭圆，而是一条直线了，横着看就是一个完美的平面（圆盘）。而宇宙中是不存在这种星系的。

再来说 E8 和 E9。原理上来说，这两种形状确实可以存在，只不过会特别扁平。就算有这样的椭圆星系，从动力学角度来说它也极其不稳定，理论上会很快崩溃。

因此这样的椭圆星系即便产生，也会很快溃散并重新生成一个在动力学上能够稳定的新的形状的星系。最终，溃散的星系碎片会重新合为一体，变为E0—E7形状的椭圆星系。

如此看来，哈勃没能找到E8、E9这样的星系，也就合理了。

7-2　宇宙中的淘气包

爆发方式决定椭圆星系的形状

旋涡星系和棒旋星系通过旋转保持其形状稳定。从这个意义上来说，它们都是能一眼看明白的星系。椭圆星系因为看上去就是个椭圆形，似乎也不难理解。但意外的是，其实我们很难看清它的真面目。

椭圆星系中有些伙伴确实是在旋转，但旋转并不是它们的主要运动方式。椭圆星系内部的群星都在向任意方向做着不规则运动（图7-2）。于是，最终整个星系看上去像是在沿着运动幅度较大的方向延伸。

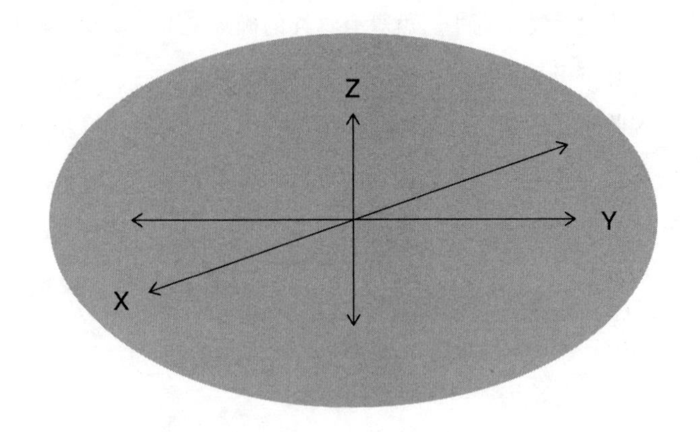

图 7–2　椭圆星系中的群星朝任意方向运动

椭圆星系中的恒星朝不同的方向进行周期性运动（运动幅度以两个箭头的长度表示），星系形状由运动幅度更大的方向决定。

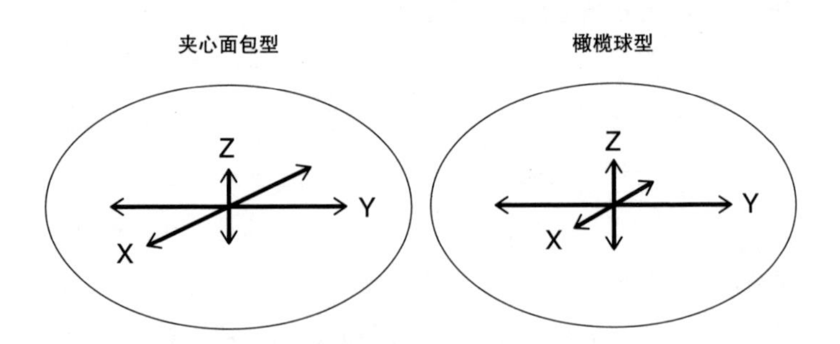

图 7–3　椭圆星系中恒星周期运动的两种模式

与图 7–2 一样，运动幅度由箭头的长度标识。左：X 与 Y 方向上运动幅度均衡的情况下，形成“夹心面包型”椭圆星系。右：仅 Y 方向上运动幅度较大，则会形成“橄榄球型”椭圆星系。

“夹心面包型”与“橄榄球型”

恒星的周期性运动决定了椭圆星系的形状（图 7–3），主要有以下两种模式。

模式 1：恒星沿 X 与 Y 方向以同等幅度进行运动，形状会变为“夹心面包型”。

模式 2：恒星沿 X 与 Z 方向的运动幅度小于 Y 方向，则会在 Y 方向上延伸，从而变成“橄榄球型”。

当然，并不是所有椭圆星系的形成都如此简单。严格来说，星系里的恒星都在 X、Y、Z 方向上以不同速度进行着周期运动，这样形成的椭圆星系的形态叫作“三轴不等椭球体”。

舒心之所

但根据哈勃星系分类图（图 5–1），椭圆星系的形态仅分为球型与“夹心面包型”两种。我在大学学习关于星系形态知识时，教材也是这么解释的。

但渐渐地，“橄榄球型”椭圆星系也开始出现在人们视野当中，这是由于人们能够更详细清楚地观测椭圆星系内恒星周期性运动的状态。

比如，想象往椭圆星系中注入星体与气体，可以探究出这些星体与气体最终都会着落到哪处。现在我们给这个着落处起个名字叫“稳定旋转面”。对于星体和气体来说，这个地方是它们待得最舒服的地方，用专业术语来说叫“恒定面”。

如此一来，“夹心面包型”和“橄榄球型”椭圆星系中的稳定旋转面就变成如图 7–4 所示的样子，这是椭圆星系的质量分布在告诉闯入的星体和气体：“你们从此以后就在这个平面上老实待着吧。”

在 20 世纪 80 年代后期至 90 年代前期，稳定旋转面被观测为“橄榄球型”的案例越来越多。

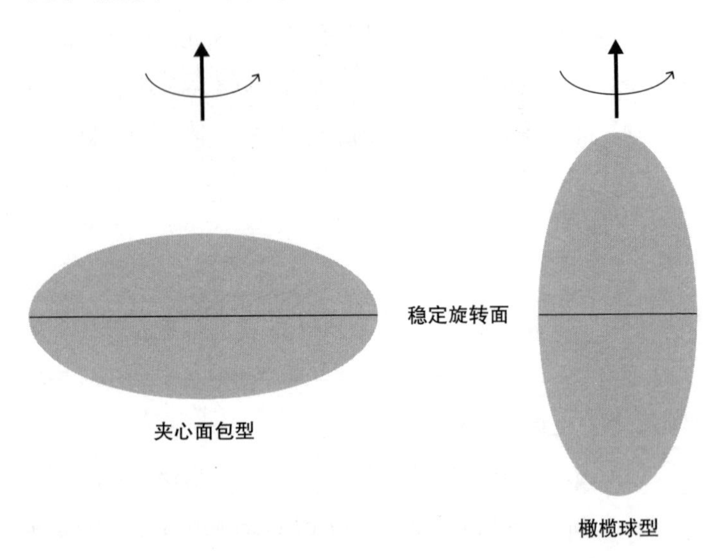

图 7–4 “夹心面包型”和“橄榄球型”椭圆星系中的稳定旋转面

“橄榄球型”椭圆星系

“橄榄球型”椭圆星系真的存在吗？这里我们来看一些实例。

南天中可见的著名星座之一“半人马座”的方向上有一个名为 NGC 5128 的椭圆星系。这个星系是“橄榄球型”的最好案例（图 7–5 沿左上至右下方向延伸的星系）。

这张照片中，沿左上至右下方延伸的结构就是从这个星系中心出现的喷流，即位于中心的超大质量黑洞所产生的喷流。超大质量黑洞的质量甚至可达太阳质量的 6000 万倍。

中间有一片颜色较暗的区域似乎将这个星系一分为二，这就是合并后旋涡星系带来的暗云。这道痕迹就是 NGC 5128 的稳定旋转面。

NGC 5128 曾经是一个巨大的椭圆星系，在与一个像银河系一样携带着大量尘埃与气体的旋涡星系合并后便呈现出如图 7–5 所示的形态。但让它变成这样的原因并不是这一次合并，而是因为它本来就是一个“橄榄球型”椭圆星系。

图 7–5 “橄榄球型”椭圆星系 NGC 5128

“橄榄球型”椭圆星系 NGC 5128。它能够通过喷流发射电磁波辐射和X光，因此作为辐射源名为“半人马座A”。喷流构造沿左上、右下方向延伸。来源：http://www.eso.org/public/images/eso0903a/。[ESO/WFI (Optical); MPIfR/ESO/APEX/A.Weiss et al.(Submillimetre); NASA/CXC/ CfA/R.Kraft et al.(X-ray)]

7-3　棘手的椭圆星系

星系的形状投射在天球表面是什么样子

这里我们再次回顾一下哈勃星系分类中的椭圆星系部分（图 7-6）。

哈勃分类法仅仅是以“天球表面投射的形状”为标准来进行的，也就是说不论是“夹心面包型”还是“橄榄球型”，都没有被纳入考虑范围。因此可以说，它并不是一个能反映实际三维结构的分类体系。

我们常说“人不可貌相”，人的性格和具备的能力不是仅

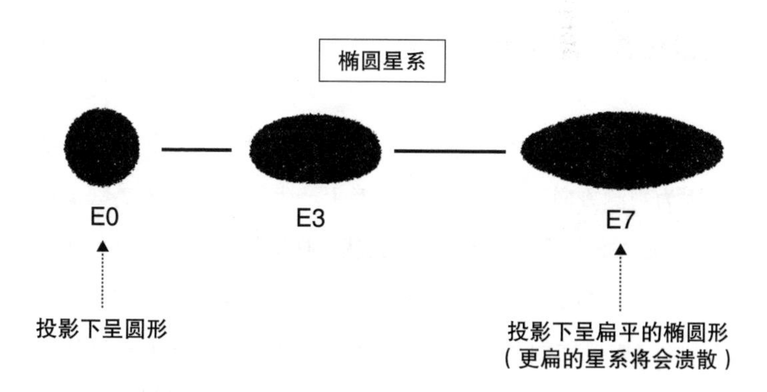

图 7-6　椭圆星系的哈勃分类

根据扁率分为 E0—E7。

靠外貌就能简单判断出来的。旋涡星系与棒旋星系都十分“表里如一”，研究起来自然不成问题。而椭圆星系就没那么简单了，因为它还包括“夹心面包型”和“橄榄球型”。

下面我们来将此前的内容做一个简单总结，椭圆星系真正的形态分为以下三种：

- 球型（不能说是很完美的球，只是近似于球）
- 夹心面包型
- 橄榄球型

球型不管从哪个方向看都是一个圆，也就是哈勃分类中的E0——这倒是不会出错。

椭圆星系何以棘手？

问题就在于“夹心面包型”和“橄榄球型”。这些椭圆星系会因为观测方向不同，导致在分类上产生偏差（图7-7）。

“夹心面包型”的星系沿竖轴从上往下看是个圆，这种情况下就被分为E0；而如果从横轴看，就会被分类为扁平的E7。

而“橄榄球型”星系从橄榄球的竖轴旋转方向上看也是个圆，也就是E0；但要是将这个橄榄球横向放置观测的话就变得平平坦坦，会被分类为E7（也有可能是E3）。

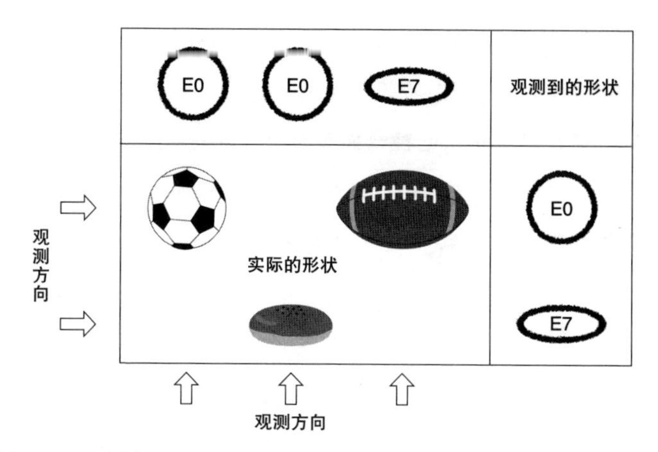

图 7–7　三种椭圆星系的外观形态

箭头代表观测方向。箭头所指方向分别代表了根据观测方向的不同所产生的椭圆星系的不同形态分类（为简单易懂均以 E0 和 E7 表示）。

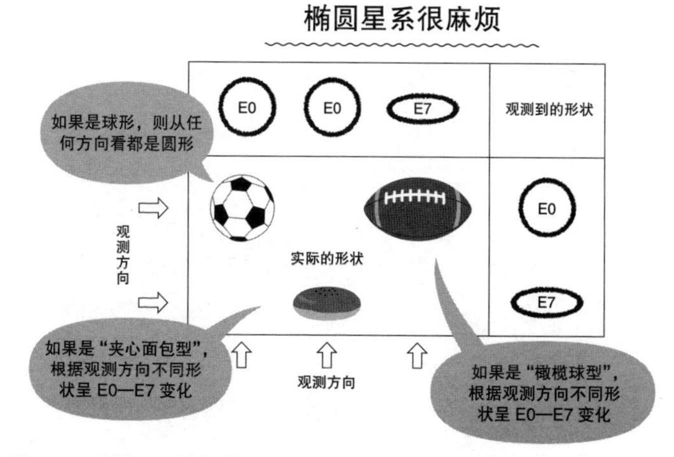

图 7–8　对图 7–7 的解说

星系中看似最简单的椭圆星系竟是最难琢磨透彻的，这实在令人震惊，恐怕哈勃都没想到这一层。

自揭开椭圆星系的神秘面纱至今，才过去短短 30 年。任何事情都是如此，如果不仔细研究，就会被永远蒙在鼓里，无法看清真相——让我们记住这个深刻的认识。

第八章

星系的饮食

8-1 星系也要吃饭

星系的相食现象

在宇宙中，形成星系这种结构的是引力。因此，如果某些有质量的物体接近星系，会在与星系的引力相互作用下被星系捕捉，也就是被吞噬。

星系天文学将这一现象称为“相食”（Cannibalism）。第九章将为大家介绍，星系团内部会频繁发生这种现象。本章中，我们将从普遍意义上讨论所谓的“星系的饮食”问题。

椭圆星系的饮食

上一章中，我们讲到了“橄榄球型”椭圆星系，并以 NGC 5128 为例（图 7–5），向大家展示了它其实是拥有巨型暗星系带、真实面目为合并旋涡星系后的星系。也就是说在这个例子中，椭圆星系将旋涡星系吃掉了。这个现象通常被称为“星系间的相互作用”或“星系的合并”。如果转换一个思考角度，就像它的另一个名称“相食”一样，我们也可以将其理解为“星系的饮食”。

这里举另一个星系 NGC 1316（图 8–1）为例。它并不像 NGC 5128 那么明显，观测上来看呈暗星系的状态。椭圆星系

图 8–1　椭圆星系 NGC 1316

来源：https://www.eso.org/public/images/eso0024a/。

在刚诞生时会一口气产出许多星体，但是现在已经不再产生恒星了，因为孕育新星的气体已经没有了。

即便如此，暗云（也就是气体）仍能被我们观测到，这是因为椭圆星系吞噬了携带气体的小型星系（同携带气体的小型星系合并）。

银河系也正在进食

接下来，我们试着思考一下银河系的饮食问题，它会和截至目前见到的椭圆星系一样进食吗？在椭圆星系的例子中，星系借助暗星系的力量来进食。“银河系”“暗云”这两个关键词同时出现是在第六章的古尔德带（图 6–13）部分，古尔德带就被认为很有可能是银河系吞噬小型星系的证据。

其实这并不稀奇，因为银河系这样的大型星系周围起码有大约 10 个被称为“卫星星系”的小型星系。

第四章中介绍到，仙女座星系有 M32 和 NGC 205 这样的卫星星系（图 4–6）。这两个卫星星系距离仙女座星系本体较近，相对来说比较显眼。但在进行详细观测后，人们发现仙女座星系周围有超过 20 个卫星星系。此外，人们还发现由于此前曾发生过星系合并，仙女座星系周边有着一片舒展的结构。

那么银河系又是什么情况呢？此前，我们一直用可见光对银河系进行观测，如图 8–2 所示，这里选取了一张通过波长

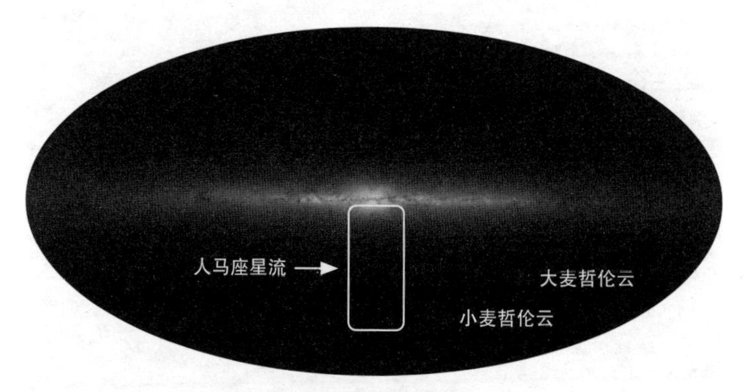

图 8–2　波长 2μm 的近红外线观测到的银河系

银河系的核球靠左下方，可以看到一个舒展着的结构。由于是在人马座方向上被观测到的，所以被称为人马座星流。（2MASS）

来源：

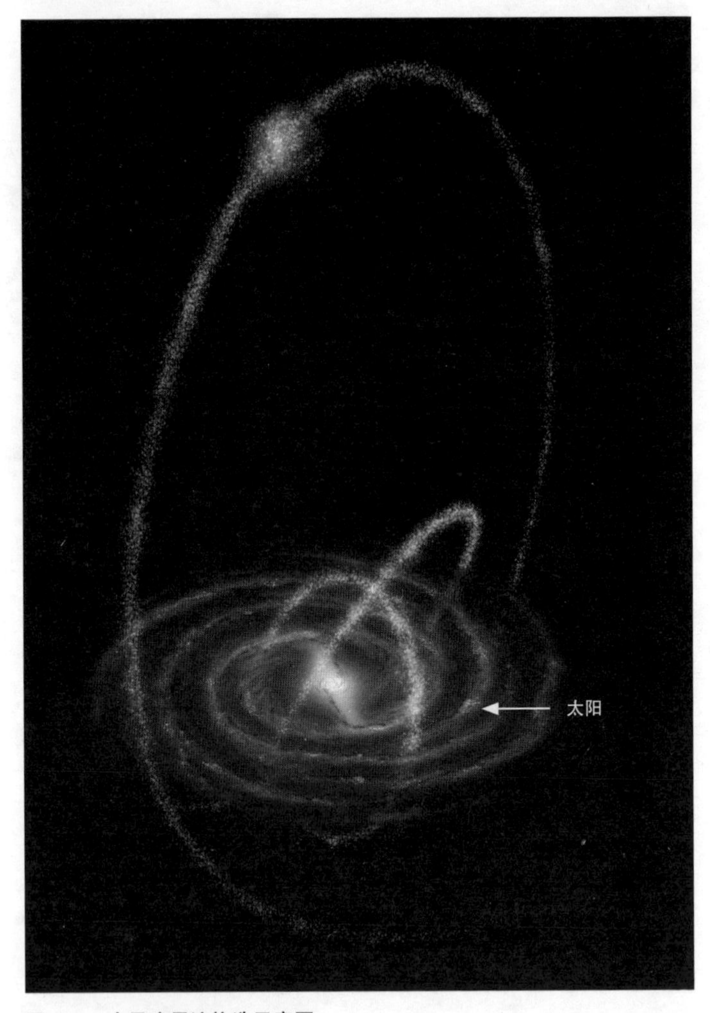

图 8-3　人马座星流构造示意图

来源：https://ja.wikipedia.org/wiki/ 恒星ストリーム。

2μm 的近红外线看到的银河系照片。波长越长，尘埃带来的吸收作用的影响就越小，这样就可以减轻暗星系带来的影响从而更好地观测银河系了。

图 8–2 上美丽的星系盘和核球清晰可见，大麦哲伦云和小麦哲伦云也十分清楚。再仔细观察就能看到一个更神奇的结构——在核球靠下稍微偏左侧有一个长长的、舒展的结构。

这个结构在人马座方向上也能被观测到，因此被称为人马座星流，它由高龄的恒星组成，其最显著的特征就是与银道面垂直相交并延伸。

人马座星流的成因就是卫星星系的合并。数十亿年前，人马座中的矮小椭圆星系降落至银河系形成了这样的痕迹（图 8–3）。银河系中像人马座星流这样的星流结构有 10 个以上。星系的演化史事实上就是小型天体结构（星系）的合并史。

8–2　星系吃什么？

菜单

星系的菜单上都有什么呢？人类的饮食五花八门，从主食是选择米饭还是面包，到汤品是味噌汤还是西式浓汤，选择多种多样，更别说还有肉、鱼、蔬菜等各种菜式了。

但星系吃饭的时候，能选的菜式却非常有限了。专栏 1 向大家解说了宇宙的成分表，主要有以下三种：

[1] 普通物质（重子物质）

[2] 暗物质

[3] 暗能量

其中能作为食材的只有物质，也就是说，只有普通物质和暗物质可供星系进食。

再说第三种，暗能量是宇宙空间携带的、加速宇宙膨胀的一种能量。星系飘浮在宇宙空间中，并不会与暗能量毫无联系，但星系也并不能从暗能量处获得能量，因此暗能量也就无法成为星系的食物了。

暗物质

暗物质的真面目是什么，我们仍未可知，目前只能推测其由未知的基本粒子构成，至于是一种还是多种也不得而知。

暗物质数倍于普通物质存在，是星系非常重要的食物来源。只不过它无法与普通物质产生任何相互作用，因此星系能从其中获得的也只有“质量”了。暗物质属于没滋没味的食材。

普通物质

普通物质由原子构成。宇宙中有 94 种元素，种类十分丰富（详见 12–2 节）。就像地球上有多种矿物一样，如火成岩（又分为花岗岩、安山岩等）、变质岩、沉积岩等，宇宙中也遍布不同种类的岩石，包含着多种元素。

然而站在星系角度上，能吃的也就以下三种：

[1] 恒星

[2] 气体

[3] 尘埃

尘埃中包含矿物。恒星是气体形成的球，追根溯源还是气体，只不过它属于独立的物理体系，和星系中飘浮着的气体云还不是一回事。

此外，气体根据温度与密度不同，又存在以下几种形态：

[1] 分子气体

[2] 原子气体

[3] 电离气体（离子和电子：被称作等离子体）

以上三种气体的温度一般为 10K、100—1000K、数万 K。

8-3 进食规律

总“点外卖”，但来者不拒

普通物质在状态（恒星、气体、尘埃）、原材料（所包含的元素）、形态（分子、原子、等离子体）上各有不同，因此从“质”上来说，星系的饮食还是挺丰富的；而“量”这方面，由于有暗物质的存在，应该也管够。只是暗物质的原材料尚不明晰，吃它仿佛在摸黑吃火锅，也不知道具体在吃什么。

说起就餐的方式，从人类的角度来说，主要有以下三种：

[1]在自己家吃
[2]超市或便利店买了吃
[3]去饭店吃

其中[1]的情况还分为：

[1-1]自己做
[1-2]点外卖
[1-3]在外面买了带回家吃

如此看来，人类的就餐形式还算多样。

星系在这方面又是如何？事实上，它们的就餐形式只有一种，比较类似点外卖。但它们“点外卖”用不着打电话，而是吃随便送上门的“外卖”。

本章最开始曾提到，它们的饭都是“天上掉下来的”，具体来说，是引力在星系与它的食物（附近的星系）之间产生作用从而将食物送上门。

因此，星系没法根据自己的喜好下单，除了吃送上门的食物外别无他法。用“来者不拒”这个词来形容星系饮食的基本规则是再合适不过了。

8-4　工作和生活在一起

居家办公

第四章里（4-3 节）提到，星系住在豪宅里，它们被暗物质晕层层包围。从暗物质晕中心的重子物质的气体中孕育群星就是星系的日常生活。星系中诞生的星体根据各自不同的质量进行相应演化，这也是整个星系不断演化的原因。

也就是说，星系在自己家——而且是大豪宅中工作。从这个意义上来说，星系已经实现了“居家办公”。

这种“居家办公”和“远程办公”可不一样，因为星系本就不需要去“公司”，它们只需要完成与生俱来的“家庭作业”即可。

星系的周围有许多食材

大型星系的周围存在许多小星系（卫星星系），数量在 10 到 20 个不等，有时候大型星系也以此为食。可见星系是不愁吃喝的。

卫星星系经过 10 亿年以上的时间与旋涡星系的本体逐渐合并。因此，尽管周围都是食物，星系并不会频繁吃东西，而是以 10 亿年一次的速率进食。或许有人会担心星系饿肚子，但这只是人的想法罢了，星系就算不吃东西也不会觉得饿。

星系吃饭本来就不太积极。如前所述，星系的进食规律是“来者不拒”，它们只会吃自己送上门的卫星星系。

没必要在“不重要、不紧急”情况下外出

总之，星系是绝对不会因为吃饭这回事迈出家门半步的，它们既不会去饭店，也不会去超市、商店买食物来吃。

尽管宇宙里也没有饭店和商店，但星系原本就不需要这些

设施呀。因此，可以说星系是不会为了吃饭而在“不重要、不紧急”的情况下出门的。

星系不但有暗物质晕这件大外套，手边还都是食物，吃穿问题都能在自家解决。不仅是刚刚我们说到的“居家办公”，就连衣食住都能自给自足，试问这种生活谁能不羡慕呢！

第九章

居家不出是常态

9-1 星系从不搬家

星系的住所

前面提到星系没有任何一所能看得见的房子可以居住，这是因为它有一所我们看不见的房子。

星系在宇宙中有属于自己的一小块地方，随着宇宙的膨胀，这个地方看上去会发生位移（图 9-1）。这只是因为宇宙这个“街区”变大了，星系在其中的位置其实并未发生变化。所以说星系不会搬家，居家是它们的常态。

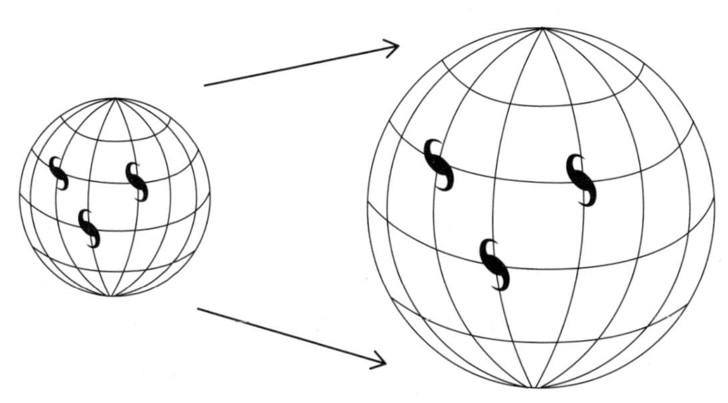

图 9-1 宇宙膨胀的示意图

宇宙整体随时间推移而不断扩大。宇宙（街区）在逐渐膨胀，星系与邻居之间的距离便会逐步扩大。但若紧盯一个星系，会发现它一直位于宇宙中某个固定的位置。星系基本上会一直待在同一个地方。

虽然宇宙在膨胀，但星系可能对此并不知情。它们只是任由宇宙不断膨胀扩大，自己只管一直安心待在家中，这确实是非常有忍耐力的一种表现。

星系的居住环境

宇宙中没有一个星系是孤独的。尽管在我们眼中，星系单独存在于某处，但总有一些卫星星系环绕在其周围。卫星星系也是正经星系，所以可以说，没有一个星系是完全的孤岛。在宇宙这样无垠的空间中，但凡有一个星系是“离群索居”的，都会引发不小的讨论。

即便抛开卫星星系的存在，星系也不孤单。事实上，星系还挺喜欢群居生活的。根据星系的群居状况，星系周边环境被分为以下几种：

[1]双星系：指两个星系互在对方引力圈内环绕。如果对象是两颗恒星，则被称作“双星”。

[2]星系群：指三个以上星系聚集在一起。星系数量最多到数十个，被称为星系群。数个星系聚集在一起的时候被称为“致密星系群”，这在之后会加以介绍。

[3]星系团：指数百至数千个星系聚集在一起。

以上星系都是靠引力凑在一起的。

［4］超星系团：指若干星系团聚集在一起的结构。看上去像锁链一样连在一起，并不受引力相互作用影响。

［5］空洞：指基本没有星系的区域。住在这里的星系就是“自立门户”的状态。

宇宙中有种将星系编织在一起的大尺度构造（图 9–2）。这张图展示了星系群、星系团以及空洞，看上去酷似蜂巢，这就是我们所在的宇宙。许许多多纤维结构交错的地方就形成了星系团（图 9–2 中央的结构）。

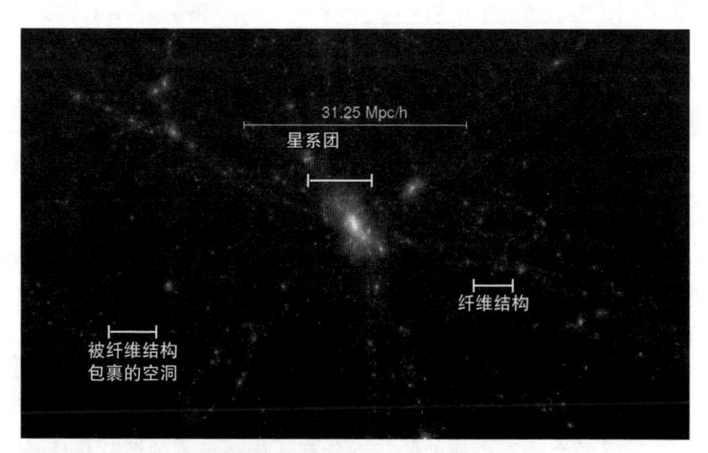

图 9–2　宇宙大尺度构造中的星系群、星系团以及空洞

（VIRGO 引力波探测天文台）

9-2 星系是群居的

双星系的世界

星系中既有比较独立自主的个体，也有双星系、星系群、星系团、超星系团这些层级，没有星系的地方被称为空洞。下面，让我们来看看代表性的星系集群，如双星系、星系群、星系团是什么样子的。

双星系指互为对方的引力捕捉的两个星系，因此也被称作相互作用星系。其实在第二章我们就已经见识过双星系了，即M51（图 2–4）。M51 中有一个十分气派的旋涡星系 NGC 5194，其下方可以看见一个稍小一些的星系 NGC 5195。在这两个星系擦肩而过的相互作用下，NGC 5194 呈现美丽的旋涡结构。

双星系中，有许多是由于两个星系邂逅彼此而形成的，但同样的邂逅却创造出了不同的构造。接下来看图 9–3 中的例子，为什么会产生如此丰富的变化呢？变化主要由以下几个参数引起：

[1] 两个星系碰撞前的形态（椭圆星系或旋涡星系）

[2] 两个星系碰撞前的运动状态（旋涡星系的话就是旋转的方向）

［3］两个星系的质量比（质量较小的更容易受影响）

［4］碰撞时的轨道

这些要素共同决定了双星系的形态如何演化。但不论怎样变化，图中所展示的双星系都并未保持社交距离。因此最后它们都会在引力相互作用下合为一体，而演化的最终方向就是椭圆星系。

事实上我们也能在图 9–3 中看到逐渐成为一体的例子，第二行左起第一张和第三行左起第二张图片就是很典型的例子。

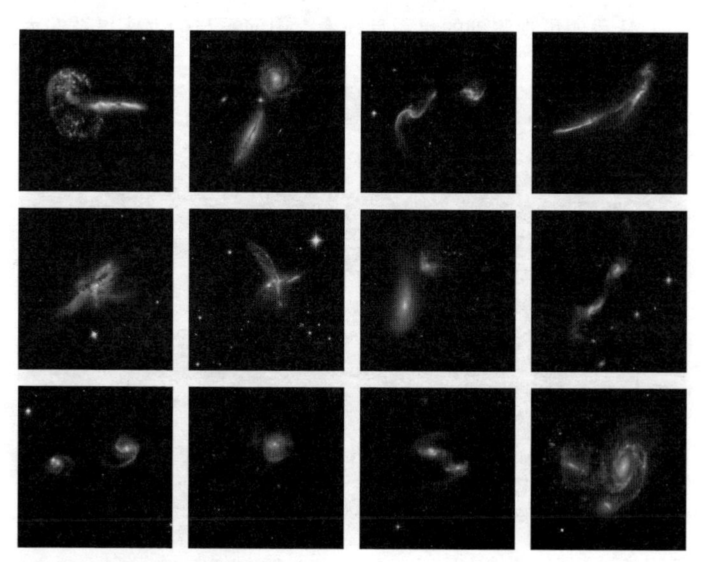

图 9–3　双星系的各种形态

（哈勃空间望远镜）

星系群的世界

接下来，了解一下星系群的世界吧。

首先是距离我们最近的星系——银河系与仙女座星系所属的星系群，这个集群被称为“本星系群”，在这片数百万光年的区域中，有着40多个星系。

银河系直径10万光年，本星系群的直径达到它的数十倍。观察图9–4可以看到，众星系各居其所分散开来。更直观地描述银河系与仙女座星系的位置关系则如图9–5所示。

从我们可观测到的星系盘来看，银河系与仙女座星系的大

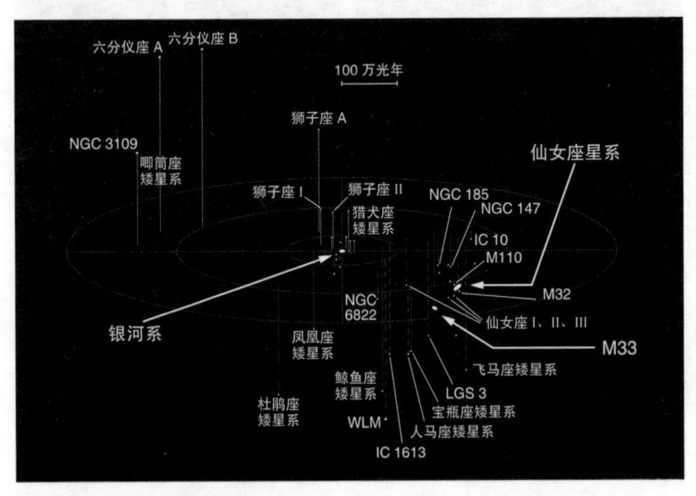

图9–4　本星系群中星系的分布

图中的标尺代表100万光年。来源：https://en.wikipedia.org/wiki/Local_Group。

小分别为10万光年与13万光年，这里我们权且当它们都是10万光年吧。这两个星系间的距离在250万光年左右，假设10万光年为1米，则它们相距25米，也就是说它们俩相当于两个相距25米的直径1米的圆。

观察图9–5，可以看到它们保持着良好的社交距离。但第四章中提到，星系被巨大的暗物质晕包裹，这两者的暗物质晕直径都有100万光年左右，那么就是说二者的位置关系又变成如图9–6所示的样子了。可以看到，它们勉强保持了社交距离，但已经开始在发生危险的边缘试探。

对比图9–6与图9–5，4–1节中介绍的M33在距离仙女座星系非常近的地方（图4–1），而且还被比它本身星系盘大数倍的暗物质晕包围，可知M33和仙女座星系之间完全没有保持社交距离。事实上，人们认为这两个星系已经围绕对方转了不知多少圈了。

银河系与仙女座星系、M33靠得这么近，数十亿年之后终将合并变为一个巨大的椭圆星系（详见10–1节）。但事情到这里并不会终结，从现在开始的1000亿年后，本星系群本身也将全部合并为一个巨型椭圆星系。

到那时，消失的并不只有银河系与仙女座星系，本星系群本身都将不复存在，宇宙只会变得越来越空虚、寂寞。

图 9–5　银河系与仙女座星系的位置关系示意图

相距 25 米的两个直径为 1 米的圆盘。

图 9–6　包含暗物质晕的银河系与仙女座星系的位置关系示意图

暗物质晕以虚线圆圈表示。相距 25 米的两个直径为 10 米的球体。

致密星系群

本星系群中存在数十个星系，相对来说环境比较宽松。眺望宇宙，还有更密集的星系群。一般，我们称相互接触、聚集在一起的数个星系为致密星系群。

塞弗特六重星系就是典型例子（图 9–7）。这是 1951 年由美国天文学家卡尔·塞弗特（1911—1960）观测到的星系，这个星系群距地球 1.9 亿光年。

图 9–7 中可以清晰地看到 6 个星系，而事实上属于该星系

图 9–7　塞弗特六重星系

NGC 6027e 是由在潮汐力作用下从 NGC 6027 中剥离出的群星所组成的。NGC 6027d 是位于这片星系群后方的星系。因此严格来说这个星系群并不是六重星系，而是四重。来源：http://www.hubblesite.org/newscenter/archive/2002/22/image/a。（NASA）

群的只有 4 个。左上方的 NGC 6027e 并非独立的星系，而是由 NGC 6027 与 NGC 6027b 相撞后在潮汐力作用下从 NGC 6027 中剥离出的群星组成的。NGC 6027d 距离地球 8.8 亿光年，位于这片星系群的后方，偶然可以在同一个方向上同时观测到。因此严格来说塞弗特星系并不是六重星系，而是四重。

NGC 6027、NGC 6027a、NGC 6027b、NGC 6027c 这 四 个星系共同构成星系群。这四个星系相距非常近，可以说是完全没有将社交距离这回事放在眼里。数十亿年后，这些星系将合并为一体，变为一个椭圆星系。

在研究银河系周边 1 亿光年范围内的宇宙空间后，人们发现这样的致密星系群有 10 个左右。此外，约 70% 的星系都属于某个星系群。看来星系真的是非常喜欢群居呢。

9-3 星系聚集

成团

星系一般呈现“群居”状态。如前所述，宇宙中星系的形成与演化由引力在其中发力推动，因此星系也逐渐喜欢上了聚集成团。

疫情时期，一旦听到“聚集”“成团”这样的词很容易引发“群体感染要出现了”的紧张情绪，但这对星系来说都是“浮云”。有引力从旁协助，星系之间的关系极其融洽。

星系变胖了

说到星系团，这里举“后发座星系团”为例（图 9-8）。这个巨大星系团在后发座方向上清晰可见，星系数量在 1000 个

图 9-8　后发座星系团中心

中央可见两个巨大的椭圆星系 NGC 4874（右）和 NGC 4889（左）。来源：https://ja.wikipedia.org/wiki/かみのけ座銀河団#/media/ファイル：Ssc2007-10a1.jpg。

以上，星系团广度约1500万光年，距地球3.2亿光年。

后发座星系团中央可以看到两个巨大的椭圆星系（NGC 4874和NGC 4889），与其他星系相比，它们的身量显得尤为巨大。这两个星系之所以这么大，是因为它们吞噬了星系团中的其他成员。由此可知，星系团内部是星系“相食”事件的高发地区。

图9–8中可以看到很多星系，这些星系都在星系团内随机运动，就像椭圆星系中群星的随机运动一样。

典型星系的质量包含暗物质，为太阳质量的1万亿倍。星系团中这样的星系有1000个以上，总质量超过太阳质量的1000万亿倍。

直接点说，星系团本身就被一个超巨型暗物质晕包裹着。星系团内的星系皆被它的引力场所捕获，因此谁都无法从星系团中逃逸，只能在星系团内来来往往。

想要旅行也不是不行，但只能在星系团内部旅行，毕竟有“不越界”这条规矩在。遵守规则是种令人赞佩的品德。

星系团中的社交距离

星系群中，无论是普通的星系群还是致密星系群都没有保持社交距离，那在星系团中这一情况又是如何的呢？接下来我们一起来看看室女座星系团（图9–9）是怎样的状态吧。

图 9-9 展示的只是该星系团的一部分，上方的图片为一般曝光后的照片，图中星系仍然保持社交距离，整齐排布。

但观察长时间曝光后的景象，也就是下方的图片，我们可以发现如果考虑到星系延展的恒星晕，星系的图像会相互重叠。也就是说在星系团中，大家也没有好好保持社交距离。对于只能在引力作用下随波逐流的星系来说，只有靠得越来越近这一个结局。

宇宙邻域的大尺度结构

本章开头展示了宇宙中创造了星系群、星系团、空洞的大尺度结构（图 9-2），该图由计算机模拟生成，那么真实的宇宙中大尺度结构是什么样的呢？

图 9-10 为银河系周边 10 亿光年内的宇宙地图。可以看到，在这张图上有 6300 万个星系，全部以一群一群的形式分布在空间中。

星系团看上去相隔得都很远，但请不要忘记，星系团身上都包裹着暗物质晕。也就是说星系、星系群、星系团全都无视社交距离，分布在宇宙空间当中。

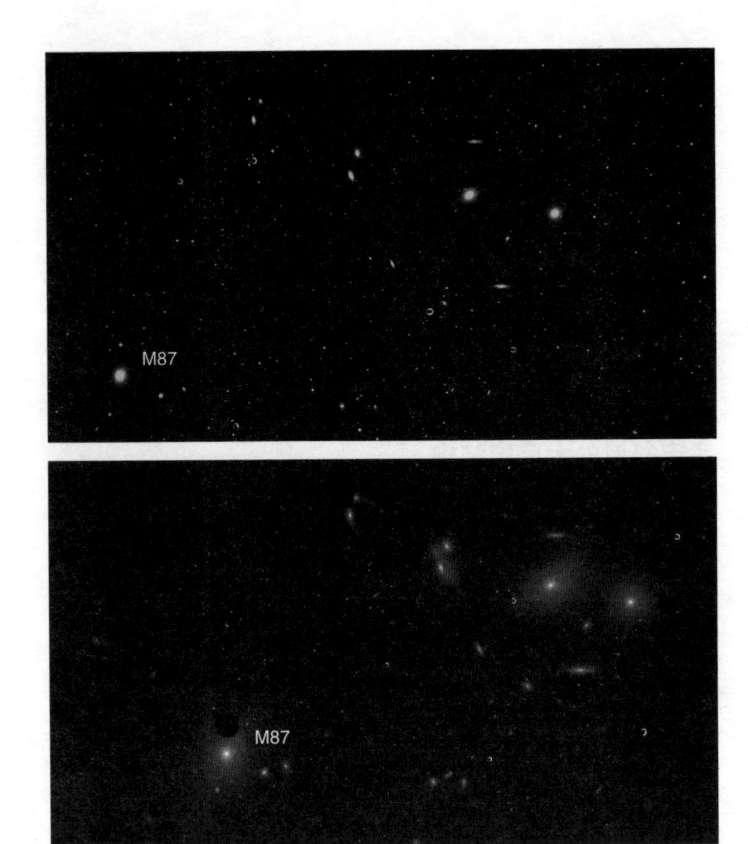

图 9-9　室女座星系团的一部分

上：东京大学木曾观测站・施密特望远镜（口径 105 厘米）拍摄的可见光照片。下：与上图拍摄范围相同，欧洲南方天文台筒式施密特望远镜（口径 61 厘米）拍摄的可见光照片。这是能看到较淡结构的长时间曝光照片。照片中可见黑色小洞，这是由于有银河系中比较亮的星，将其遮挡以防止阻碍观测。

上：http://www.ioa.s.u-tokyo.ac.jp/kisohp/IMAGES/pics/EXTRAGAL/virgo_half.html。

下：https://en.wikipedia.org/wiki/Virgo_Cluster#/media/File:ESO-M87.jpg。

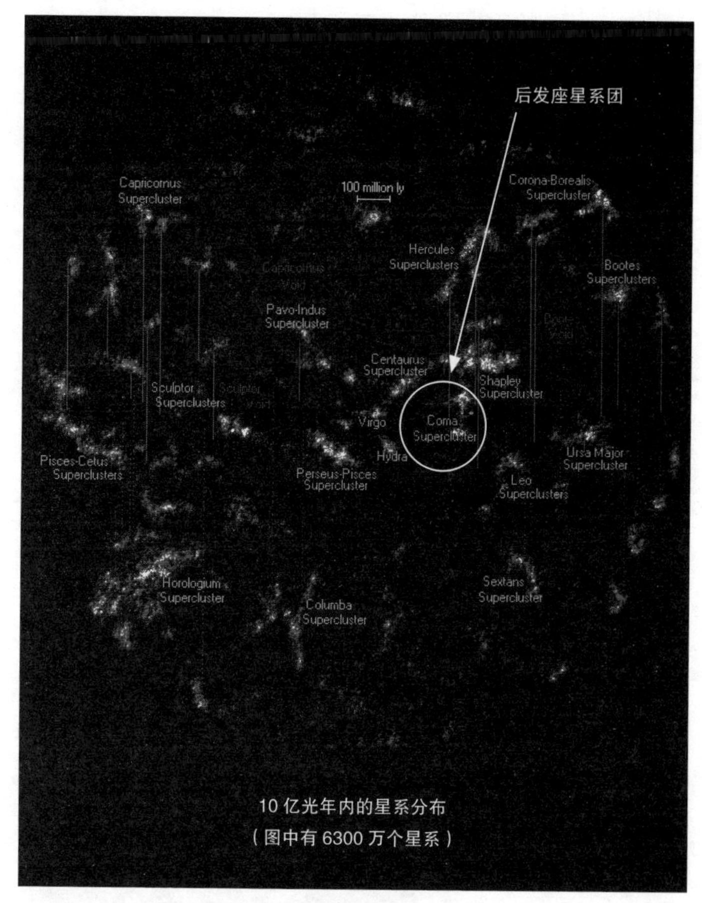

图 9–10　10 亿光年内的宇宙中大尺度结构

图中，一个点代表一个星系，横线为标尺，长度代表 1 亿光年。圆圈标记出来的是“后发座星系团”（图 9–8），其左侧是“室女座星系团”（图 9–9）。图中看不见银河系，但其大概位置在该图中央。来源：https://ja.wikipedia.org/wiki/ラニアケア超銀河団 #/media/ ファイル：Laniakea.gif。

9–4 即便群居也不会越界

星系的可移动距离

群居星系方面，我们以星系群与星系团为例，二者中星系的一般移动速度分别为 100 千米 / 秒和 1000 千米 / 秒。星系团速度更快，这是由于它质量更大，因此星系的动能也更大。

星系群与星系团

星系群中，星系的移动速度为 100 千米 / 秒，10 亿年的时间能够移动约 30 万光年。与星系群的尺寸相比，这个距离明显短多了。

而星系团中星系的移动速度为 1000 千米 / 秒，则 10 亿年的时间里可以移动约 300 万光年。当然这与星系团的尺寸相比，也只是小巫见大巫了。

遵守礼节

不论是星系群还是星系团，都是星系很难逃离的集体。尽管星系聚在一起，但很遵守礼节，从不轻易越界。

准确来说，应该是从不轻易“越群界”或“越团界”。

另一方面，这两种集体中的星系移动速度分别为 100 千米 / 秒和 1000 千米 / 秒，若转化为时速，分别是 36 万千米 / 小时与 360 万千米 / 小时。在这个速度上看移动中的东北新干线“隼号列车”，列车岂不是就跟停止了一样。

尽管有着可怕的高速，星系想要在宇宙中畅游还是很费劲。

第十章

星系的婚姻观和『三密问题』

10–1 星系的婚姻

星系相亲

正如在第九章的双星系部分里提到的那样，星系之间接近到一定程度就会产生引力相互作用，它们互相被对方的引力圈捕获并最终合并为一个星系。

但在某些情况下，两个星系只是短暂地相遇而后渐行渐远。这时，两个星系的质量是否达到一定标准、距离近到何种程度等因素共同决定了这两个星系的命运。

举个例子，在 Arp 284 这个双星系中情况是怎样的呢？我们可以看到图 10–1 右侧的 NGC 7714，该星系的中心区域中孕育了数万颗质量在太阳 10 倍以上的星体，这种现象被称为“星暴”。发生星暴的星系被称为“星暴星系”，首个被归为星暴星系的就是 NGC 7714。

图 10–1 的左边，在与 NGC 7715 的引力相互作用下，潮汐力开始产生作用，两个星系间延伸出了手臂一样的构造，就像一方在对另一方说“别走”。好不容易安排上的这场相亲似乎就快走到终点了。

双星系可以被看作星系之间的婚姻。星系的结婚对象仅限于偶尔出现在身边的星系，因此可以说它们并不是自由恋爱的

图 10-1　星暴星系 NGC 7714

NGC 7714 为图中右边的星系，左边是它的伴侣 NGC 7715。(哈勃空间望远镜)

婚姻，而是相亲结婚。只是，就连这个相亲对象也是诞生在它身旁的，简直就像我们说的“娃娃亲”。

这种情况下异地恋更是无从谈起了，距离太远就代表引力的作用微乎其微。而且上一章最后也提到，星系是不可能完成长距离移动的。

成功案例

Arp 284 的例子或许是一场遇见又告别的无疾而终的相亲，但接下来我们要看到的是一个相亲成功的案例，那就是天线星系（触须星系）（图 10-2）。这个星系名副其实，看起来就像天牛等昆虫的触须。

触须星系中，两个旋涡星系正处于并合过程中最激烈的阶段。我们来看一下通过计算机模拟再现的触须星系的形状吧。在图 10–3 上方可以看到，两个星系（盘星系）在绕着对方做轨道运动。最终星系内部的星体将在潮汐力的作用下被抛出，形成两条长长的尾巴。我们在某个角度上可以观测到这两个结构就像虫子的触须（图 10–3 下）。

图 10–2 右侧是由哈勃空间望远镜拍下的中央区域的特写照片，可以看出星体诞生的规模非同凡响，这也是星暴的一种。星系的恋爱似乎总是伴随着星暴。

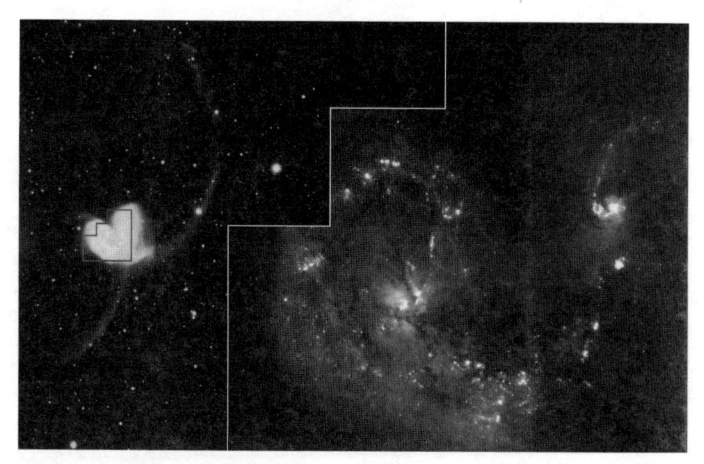

图 10–2 天线星系（触须星系）

右为 NGC 4038，左为 NGC 4039。来源：http://hubblesite.org/gallery/album/galaxy_collection/pr1997034a/。（NASA/ESA/STScI）

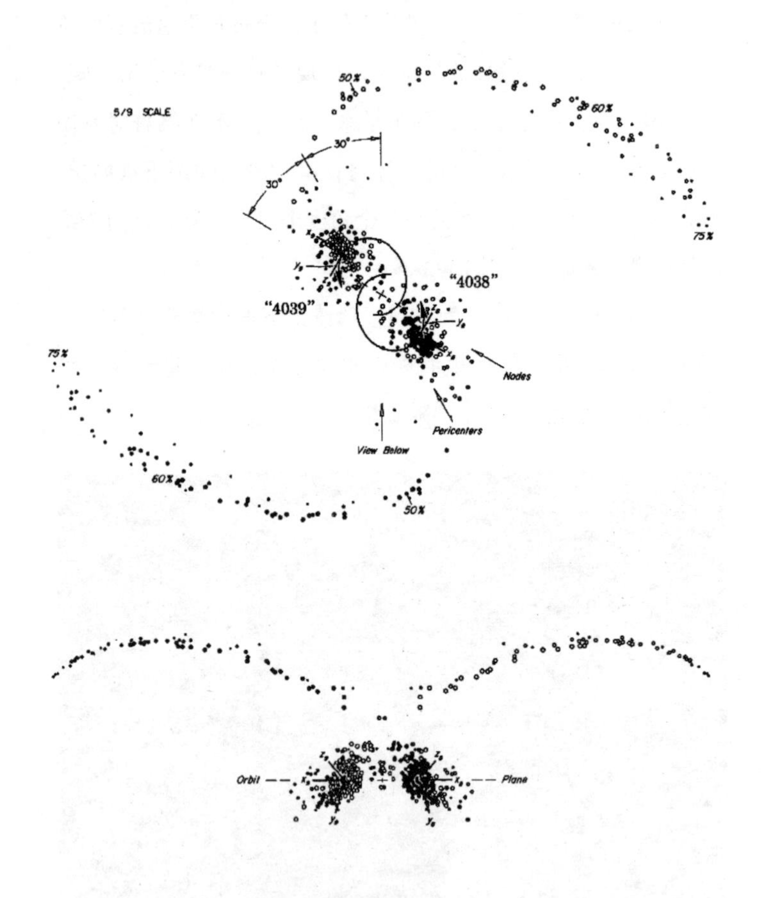

图 10–3　计算机模拟再现天线星系形状

如果沿着天球表面方向观测该星系，会看到上图所示状态。我们偶然会从某个角度观测到下图中天线一样的结构。(Toomre & Toomre 1972, ApJ,178, 623)

三角关系？

再来看一个双星系的例子：M81 和 M82（图 10–4）。我们可以从“大熊座”方向观测到这个双星系，距离地球 1200 万光年。这两个星系中，离我们更近的星系更亮，通过双筒望远镜就可以观测到。

M81 拥有两个美丽的旋臂，被称为“宏相旋涡星系”。M82 和 NGC 7714 一样会产生星暴，在此影响下气体沿着与星系盘垂直的方向不断喷出——这被称为星风（Star Wind）。

M81 与 M82 看上去就像双星系，但仔细观察图 10–4 会发现，左下方还有一个小型星系 NGC 3077。事实上，这是由 3 个星系组成的星系群。

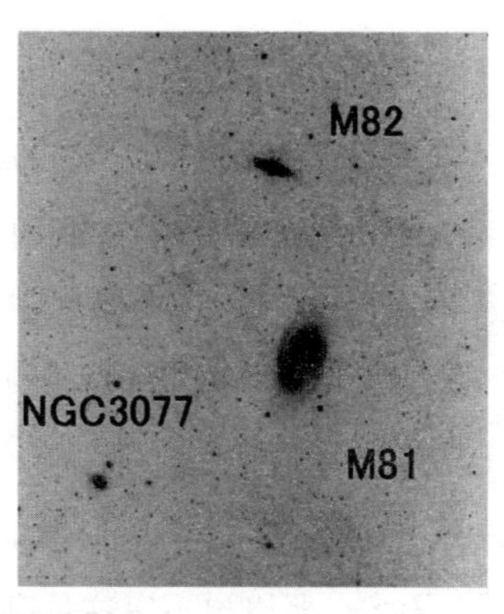

图 10–4 M81 构成的星系群

上为 M82，下为 NGC 3077。（利用数字巡天图像合成）

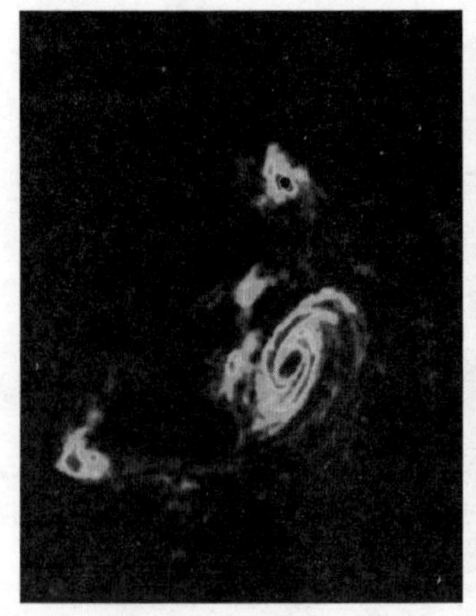
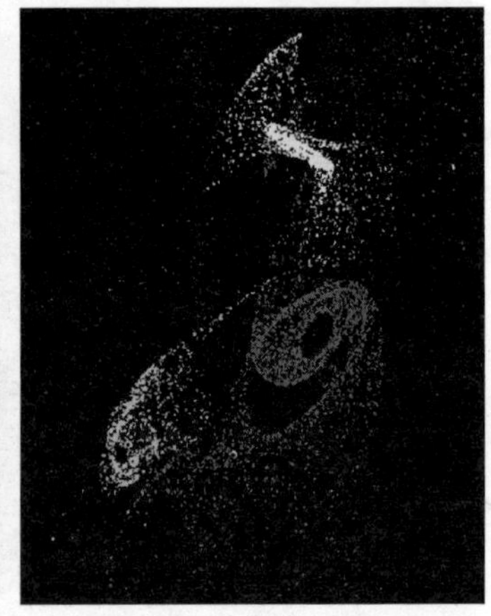

图 10–5 （左）连接 M81、M82、NGC 3077 的中性氢原子气体云的分布
（右）计算机模拟还原三个星系的运动状态

左：http://www.aoc.nrao.edu/~myun/m81hi.gif。

右：http://www.aoc.nrao.edu/~myun/m81model.gif。

乍一看这三个星系都是独立存在的，并不受相互作用的影响。而通过研究中性氢原子气体云的分布情况（图 10–5 左），会发现这三个星系实际上是紧密联系在一起的。

通过计算机模拟三个星系的相互作用（图 10–5 右），可以完美还原连接三个星系的中性氢原子气体云的分布情况，由此可得这三个星系是牢牢连接并相互作用着的。

或许它们仨是一种三角关系。但与 M81、M82 相比，NGC 3077 的规模并不大，所以说不定这是遨游太空的“一家三口”呢。

银河系的婚姻

接下来，让我们从双星系和星系群的角度来思考星系的婚姻问题。我们已经知道，引力作用下靠得近的星系就会步入婚

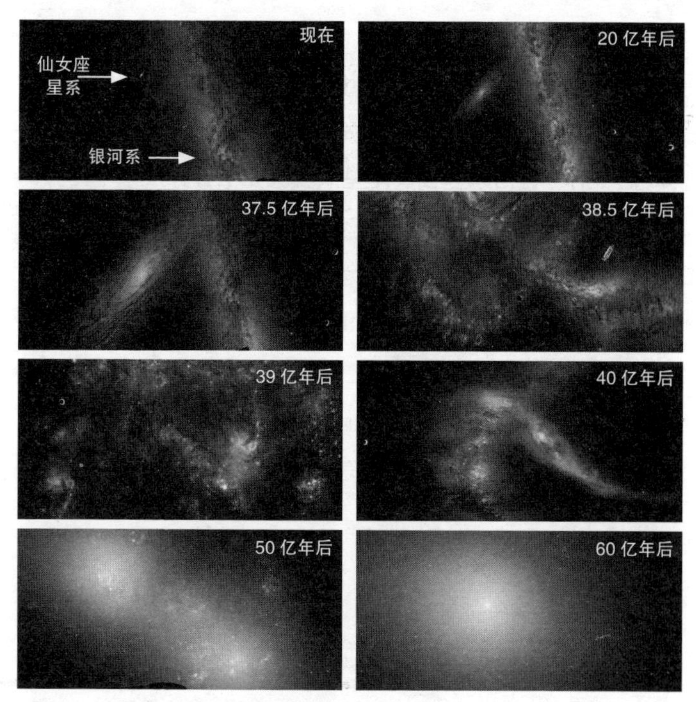

10-6　银河系与仙女座星系相撞并逐渐合并的形态

来源：https://hubblesite.org/contents/media/images/2012/20/3038-Image.html?news=true。Science Illustration Credit: NASA, ESA, Z. Levay and R. van der Marel (STScI), and A. Mellinger。

Science Credit: NASA, ESA, and R. van der Marel。(STScI)

姻的殿堂。那么银河系在这方面是怎样的呢？事实上，银河系已经与仙女座星系订婚了。

仙女座星系目前距离银河系250万光年，正在以300千米/秒的速度朝银河系奔来。这就意味着如果两个星系一旦相撞，就一定会逐渐合并。

如图10–6所示，第一次相撞将会在40亿年后发生，随后再过10亿年（50亿年后）还会有第二次相撞，再过10亿年（60亿年后）银河系和仙女座星系就会完全合并成一个巨大的椭圆星系。

也就是说，60亿年之后世上将再无银河系和仙女座星系。观察图10–6第四行右图便可知晓那时的情形，着实令人惊愕。60亿年后再眺望夜空，将只能看到一片朦胧的光芒。猎户座星云以及作为一个星系显著特征的暗星系都将烟消云散，夜空从此变得乏善可陈。要想观测美妙的天体，还是趁现在吧。

待客之道？

至此，我们探讨了星系间的冲撞与合并，并将其称为星系的婚姻——因为是两个星系合二为一，所以有种人类社会中结婚的感觉。

如果换个角度思考，这也是一种星系之间接待宾客的方式。就在一个星系发出“星系先生/女士，快请进”的信号后，两个星系发生碰撞并合并从而产生一个全新的星系。

如果这就是星系世界的待客之道，那接待客人岂不是意味着危险降临，更有可能导致自己就此不复存在？如此看来，接待客人也要小心了。

10-2　星系的离婚

婚后生活

前面章中，我们将星系的冲撞与合并比作结婚或接待宾客，那么从结婚角度看，合并成为一个星系后立刻就会进入一种“寡居”（一个人生活）的状态——结婚的意义在哪里？

说不定婚后的新星系也会考虑这个问题：能不能离婚呢？如果可以，还是变回从前的两个个体比较好。如此一来，它们说不定就能拥有全然不同的人生（星生）。

这种想法并非不能理解，但事实上这是不可能的。成为一个星系意味着从前分属两个星系的恒星早已混杂在一起。此外，暗物质晕也会合并成为一个巨型暗物质晕。

凉水与热水混在一起就是温水，分开后还能得到从前的凉水和热水吗？答案当然是不可能的。星系能否离婚也是这个道理，结了婚就再也分不开了。

走向离婚

曾经的两个独立星系是回不到最初的模样了，但仍然有个办法能让婚后结为一体的星系一分为二。

这个办法就是分裂（Fission）。在原子物理世界中有个概念，叫核裂变，一般意义上来说就是分裂。也就是说，一个星系可以分裂为两个，尽管无法回到最初，但从形式上来说也属于离婚成功。

分裂方法有两种：自主型与外力型。但这两种方法都不具备现实意义，大家就当作“不重要、不紧急”的闲谈听听吧。

自主型离婚

先说自主型分裂，这里需要提到一个关键词：旋转。假如星系的旋转速度越来越快，这个星系慢慢就会变得扁平，最后成为名副其实的圆盘。此时再提速旋转，圆盘就会“嘎巴”一下碎成两片（甚至更多片）。

这一假设很有意思，但完全不会发生在真正的星系身上——它们本身是无法给自己的旋转提升速度的。

不过恒星倒是适用于这个方法。大质量恒星（太阳质量的

10 倍以上）演化到最后，其内部的核反应会终止。在此之前，内部核反应会产生一定压力防止星体溃散。反应终止后，整个星体会由于引力而溃散，核心部位的原子便会形成原子核。内部以外的气体在与原子核接触时四散粉碎从而引发超新星爆发。其后原子核剩下的部分会变成中子星（质量非常大的恒星会因引力坍缩而成为黑洞）。

恒星会自转，经过上述流程产生的中子星也会自转，有的甚至可以 1 秒自转 1000 圈（自转周期 0.001 秒）。如果转得再快点就有可能发生分裂了，只是目前人们还没有观测到这样的现象，所以只是一种假说。

外力型离婚

接着说外力型分裂，这个方法需要借助来自体积很小质量却很大的天体的力量才能完成。毫无疑问，符合这种特征的天体是黑洞。当前观测到的最重的黑洞是太阳质量的 100 倍。要想帮助星系成功分裂，黑洞的质量还得更大，毕竟星系的质量都有太阳质量的 1000 亿乃至 1 万亿倍呢。因此要想成功，就必须靠更重量级的“超超大质量黑洞”来帮忙了。

想离婚的星系首先需要来到这个“超超大质量黑洞”的附近。不是说要直直落下去，而是稍微保持一点距离，接近就好，这也被称为偏置撞击（即不在连接二者中心的线上，而是稍微偏离这条线所发生的碰撞）。如此，星系在试图从“超超大质量黑洞”旁边逃逸时，会被其强大的潮汐力所吸引，借由这股力量分裂开来。

2013年，当时人们有希望能够观测到气体云（而不是星系）在这种潮汐力下被破坏的场景。银心（“人马座A*”）有一超大质量黑洞（质量约为太阳的400万倍），一片名为G2的气体云闯了进去。人们非常期望能够观测到一个现象，即它正好位于偏置轨道上，距离“人马座A*”越来越近，并最终发生分裂（图10–7）。

全世界的天文学家都屏息凝神地观测着事态发展，然而

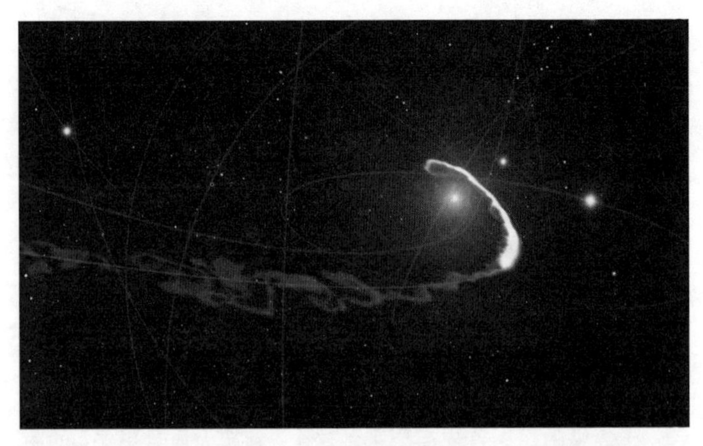

图10–7　计算机模拟生成人们期待看到的“人马座A*”附近的气体云G2的景象

来源：https://www.eso.org/public/images/eso1332b/。

G2 却并未发生分裂——或许是因为它并不处在人们预期的轨道上。

这种外力型分裂方法确有其现实意义，但星系要想在潮汐力的影响下发生分裂，需要质量大到超乎想象的黑洞才能实现。

假设星系团中的所有星系全都合并为一个星系，那么这个星系的中心也一定是原本所有星系中心的超大质量黑洞合并后的产物，即一个质量更大的超大质量黑洞。星系团中如果有 1000 个星系，合并后产生的星系的质量则将会达到太阳质量的 100 万亿倍。星系中心的超大质量黑洞约为星系本身质量的 1/1000，那么最终的超巨型星系中心的超大质量黑洞将会是太阳质量的 1000 亿倍——等同于婚后星系的质量。潮汐力的力量自然不可小觑，但要想帮婚后的星系成功分裂还需要质量更大的“超超大质量黑洞”才行。

10-3 星系能再结婚吗？

完全可以

既然结过一次婚的星系无法离婚，那么问题又来了：婚后的星系还能再结婚吗？

这个问题还得视具体情况而定，但人们一致认为再结婚的可能性是比较高的。之所以这么说，是因为第九章中也有提到，星系是喜欢群居的。

要想研究星系的再婚问题，最好的例子莫过于第九章提到的致密星系群了（详见 9–2 节）。

致密星系群的未来

为了解释起来更简单，这里举一个由四个星系构成的致密星系群为例。图 10–8 所示是名为 HCG 16 的致密星系群。

该星系群中有四个旋涡星系，随便两个合并就能成为一个椭圆星系。三个以上星系的合并被称为多重合并，用最近常听到的一个词来形容就是，星系的“聚餐”。

图 10–8　致密星系群 HCG 16

由四个旋涡星系构成，从右至左分别为 NGC 833、NGC 835、NGC 838、NGC 839。来源：https://en.wikipedia.org/wiki/Galaxy_group#/media/File:Hubble_views_bizarre_cosmic_quartet_HCG_16.jpg。

包含四个星系的多重合并是如何产生的呢？四个星系同时开始合并进程，然后逐渐合为一体吗（图 10–9）？多重合并的形态由星系群中的星系以何种轨迹运动决定，但四个星系一齐开始合并的情况还是非常罕见的。因此像图 10–9 中的情形基本是不可能发生的。

那么多重合并是如何发生的呢？关键词为“配对”（图 10–10）。首先，这 4 个星系两两合并，形成 2 个星系。然后新生成的星系合并，并最终成为 1 个星系。

以上就是多重合并的基本经过了，其中第二步就是令人翘首以盼的星系再婚。

星系聚餐

接下来我们来看一个星系聚餐——多重星系合并的例子：Arp 220 星系（图 10–11）。

哈勃空间望远镜的照片（图 10–11 左）中，只拍到了星系的明亮部分，而昴星团望远镜的照片（图 10–11 右）中可以看到星系本体的外侧有一隐约可见的舒展的结构。

多重星系就是致密星系群的未来。如今观测到的致密星系群基本都会演化为多重合体的星系。这究竟是进化还是退化呢，我们不得而知。但这的确是星系享受“再婚”生活的证据，就让我们为它们送上祝福吧。

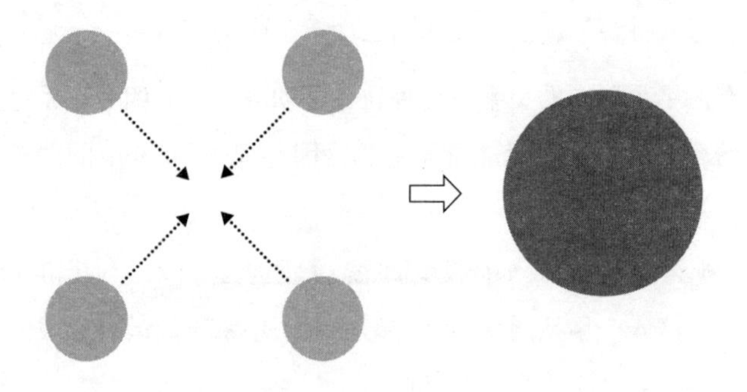

图 10–9　4 个星系同时合并的过程

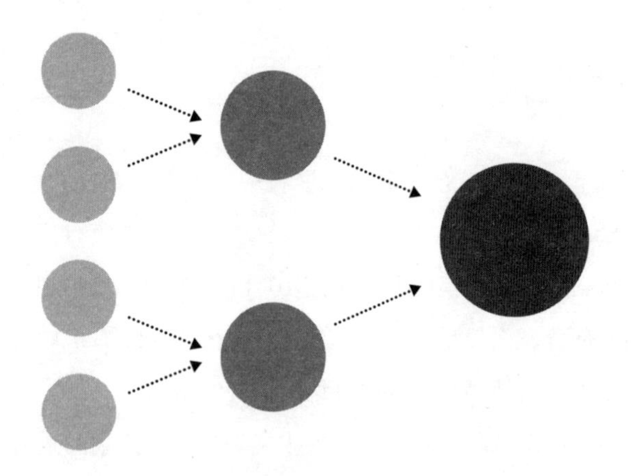

图 10–10　星系多重合并的基本过程

4 个星系先两两合并（最初的配对 = 结婚）形成 2 个星系。然后这 2 个星系再行合并（第二次配对 = 再婚）最终形成 1 个星系。

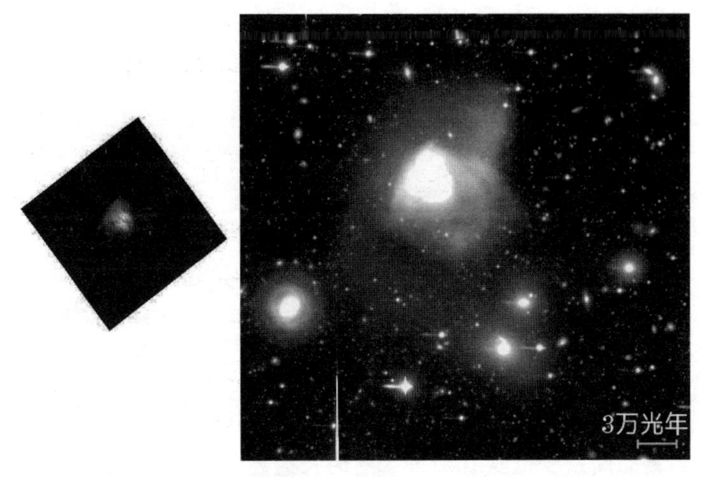

图 10-11　Arp 220 的可见光照片

左：哈勃空间望远镜摄图。右：昴星团望远镜摄图。昴星团望远镜的照片中可以看到星系本体右侧有一上下延伸的结构，这就是星系合体所生成的潮汐臂。Arp 220 距地球约 2.5 亿万光年。关于该星系的多重合体可参见拙作《终于现身的黑洞：地球大小的望远镜捕捉到的谜团》（丸善出版，第 7 章，2020 年）。

它们能遵守五个“小”吗?

人类将长久地与病毒共存下去。这次的新冠肺炎疫情也暴露出一个事实：人数太多的聚餐并不是什么好事。这也为我们带来了一个提议——遵守五个“小”。具体是哪五个呢?

- “小”人数（人数要少）
- “小”时间（时间短，一小时左右）

- “小”声音（分贝要低）
- “小”盘子（分餐制）
- “小”周期（勤换口罩、通风、消毒）

人数少的定义为“四个人以下”的程度。对于星系而言，致密星系群的星系数量基本在四个，所以这条规则算是遵守到位。但五个、六个的情况也不是没有，说明星系们并没有严格遵守这条规定。

关于时间短的这条规则也没有遵守到位，星系的多重合并所需时间最少也要10亿年，有时长达数十亿年……所以算是根本不在讨论范围内了。

声音上又是如何呢？人在日常生活中的说话声通过空气振动得以传达给对方，而宇宙中是没有空气的。星系之间只有星际介质这种稀薄的气体存在，密度相当于每立方厘米一个氢原子。因此，星系之间无法传递声音。从这种意义上来说，“小声”这条规则算是遵守到位了。

至于使用小盘子分餐——由于星系非常大，所以基本告别小餐盘，只能用超大号餐具吃饭了。

至于“小”周期，也就是勤换口罩、通风和消毒，这条星系是绝对做不到了。这口罩得多大才能给星系戴上呀？我不禁想到了第一章中提到的宫泽贤治的《巡星之歌》：

图 10–12 （左）仙女座星系，（右）鱼嘴

仙女座星系提供：东京大学木曾观测站。来源：http://www.ioa.s.u-tokyo.ac.jp/kisohp/IMAGES/pics/EXTRAGAL/M31.html。

插画：《仙女座星系的旋涡》（谷口义明，丸善出版，2019年，前言Ⅲ页）。

仙女座的星云

幻化出鱼嘴的形状[①]

“仙女座的星云”指的是仙女座星系，歌词中将其比作了鱼嘴（图 10–12）。若真如此，这个大口罩就要覆盖到星系整体。仙女座星系的星系盘直径为 13 万光年，也就是说需要一个长度 13 万光年的口罩，这样的口罩造价得多么昂贵。不管怎么说，星系在这方面或许确实遵守得不甚严格。

---

①《[新]校本宫泽贤治全集》第六卷·本文篇（筑摩书房、1996 年），329 页。——原书注

10–4 星系的“三密问题”

密闭问题

在本节中，我们将一同探究星系的“三密问题”，首先是关于密闭的问题。

第四章中提到，星系住在一座由暗物质晕包裹而成的豪宅中，暗物质晕比肉眼可见的星系本体（群星）大数倍，但其边缘并没有什么清晰的界线，也就是说星系并不是处在一个密闭空间中。

暗物质晕的外围就是浩瀚的宇宙空间（以星系的角度来说，可以称作星系际空间），那里只有稀薄的气体。而宇宙空间又因电离反应而存在着电离气体（等离子体）。等离子体（质子和电子）的数密度为每立方厘米一个粒子。

别忘了还有暗物质，这样一来密度就相当低了。尽管有暗能量存在，但暗能量只会让宇宙不断膨胀，不会对星系造成什么影响。由此可见，星系并不存在密闭问题。

密集问题

接下来是密集问题，这个问题对星系而言可以说是相当严峻。

打造出星系这种结构的是引力。引力即重力，所以星系注定是要密集分布的。事实上，我们观测到的也是如此，许多星系都以双星系、星系群和星系团的形式聚集。

如今宇宙已经 138 亿岁了，当前这个时代正是星系密集化最繁盛的时期。

比如说，我们的银河系与仙女座星系等一同住在本星系群当中，但就像刚刚所说的，银河系与仙女座星系合并后将成为一个巨大的椭圆星系。这样的合并终有一天会波及本星系群全体，也就是说本星系群中的所有星系都将合并起来成为一个超巨椭圆星系。

上述情况大概会在 1000 亿年后成为现实，到那个时候，星系的密集问题也就得到解决了。

密接问题

最后是密接问题。第九章中提到，星系有群居、聚集的性质。

本章中亦提及，星系的宿命就是碰撞并最终合并，也就是说星系存在很明显的密接问题。

10–3 节有提到，密接的极端状态其实就是星系的多重合并。如果是致密星系群，则一定会发生这种多重合并。宇宙中存在着许多致密星系群，因此最终，宇宙空间内将频繁发生多重合并现象。10–3 节中以 Arp 220 为例介绍了这一情况（图 10–11），其他案例也被先后发现（图 10-13）。

在星系的合并中，由于气体云之间的激烈碰撞，它们的密度升高、星体大量诞生。这种现象叫作星暴。气体云中聚集着大量尘埃，这些尘埃也因恒星的光芒而逐渐升温（说是升温其实温度也就只有 30K 到 50K），大量释放红外线。

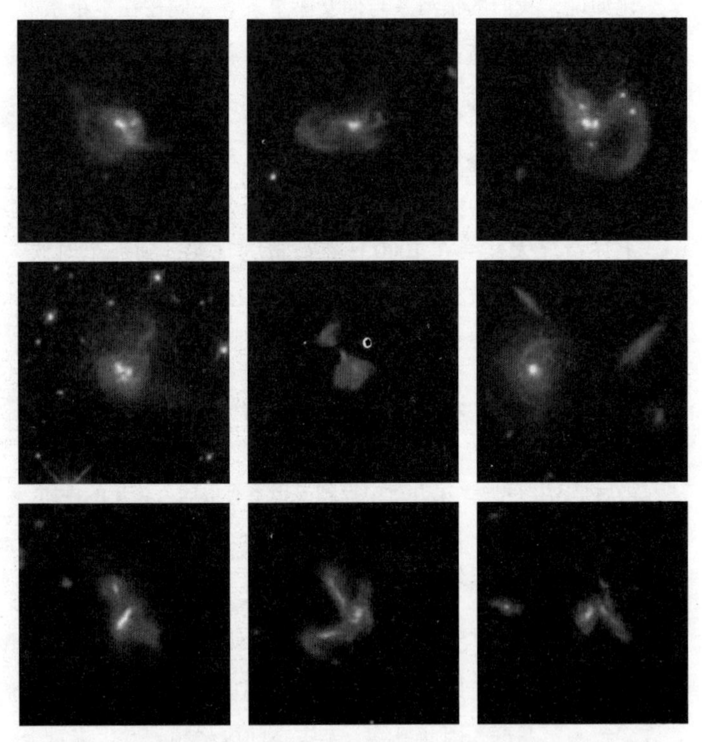

图 10-13　哈勃空间望远镜拍摄下的超高光度红外线星系的可见光照片

（NASA/ESA/STScl）

根据多重星系的此种特征，可以通过红外线探测来发现它们的存在。由于多重星系的红外光度为太阳光度的 1 万亿倍，因此这种星系也被称为“超高光度的红外星系”。图 10–13 中即为星系的多重合并的多种形态。

星系“三密问题”的未来

这里为大家总结一下之前提到的星系“三密问题”。首先，星系中不存在密闭问题。但引力操控下的星系发育演化引发了密集与密接问题，图 10–14 所总结的就是宇宙的现状。

将来会是怎样呢？如前所述，银河系所属的本星系群中，所有星系都将合为一体，成为一个超巨椭圆星系。也就是说，在数百万光年的辽阔空间内将会只有一个星系存在。如此一来，密集与密接问题也就解决了。

此外，密接与密集问题也能通过别的作用得到解决。我们所居住的宇宙是不断膨胀的，暗能量在加速这种膨胀，今后宇宙的膨胀会愈演愈烈，并最终引发“红视”现象，即附近的星系在超光速远离时无法被我们观测到的一种情况。物质的运动速度和电磁波的传播速度都无法超过光速，但空间的膨胀速度并没有这种限制。星系是存在于空间之中的，即便它们所在的空间的膨胀速度超过了光速，它们仍然可以随着空间的膨胀而愈发疏远。

图 10–14　当前星系的“三密问题”

尽管没有密闭问题，但由于引力效果密集和密接情况相当严重。

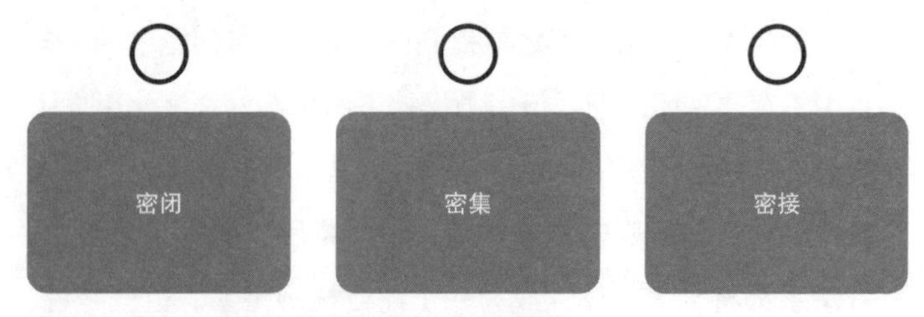

图 10–15　1000 亿年以后星系的“三密问题”

“三密问题”将会全部得以解决。

距离这种“红视”现象发生还有大约 1000 亿年。到那一刻来临时，即便再怎么向宇宙眺望，除了自己所在的星系之外我们再也看不到任何其他天体了。因此，周围也不会再有靠引力聚集的星系了。宇宙膨胀使得星系越来越孤独，从而密集、密接问题将在 1000 亿年后得到彻底解决（图 10–15），所以请大家放心。

第十一章

星系的世界里有病毒吗？

11-1 幽灵能量

星系中的病毒问题

当前，人类社会遭遇新冠病毒的猛烈袭击，迎来了异常艰难的时代。就我个人来说，已经持续远程办公半年以上了，一切会议和讲座都只能在线上展开。回顾人类历史，我们曾面临过不少病毒带来的危机。我认为，一切危机的终局都只能是人类适应病毒，并与病毒共存下去。

这不禁令人思考一个问题：星系的世界是否受病毒问题困扰呢？可以先告诉大家，答案是不会。但人们印象中会永恒存在的星系其实也会被死神造访，这里我们可以将星系的死亡过程视作它们要面临的病毒侵袭。

诡异的暗能量

我们所在的宇宙十分奇妙——它是被黑暗所控制的。

大部分人都会认为，宇宙是由普通物质（元素）构成，但正如本书专栏 1 中介绍的，这个认知其实是不正确的。宇宙主要由以下几种成分组成（详见专栏 1，图 C–1）：

- 普通物质：5%
- 暗物质：26.5%
- 暗能量：68.5%

如今，人们尚不清楚暗物质与暗能量究竟是什么，也就是说在宇宙的构成中，95% 都是未知的——我们正处于一片漆黑且不可名状的宇宙当中。

目前暗能量的真面目尚不明确，也还没有确切的论据和定义，但可以肯定的是，这种能量的“某种性质”会使得我们的宇宙在数百亿年后灰飞烟灭，迎来自己的终结。这就是人们预想的宇宙结局——“宇宙大撕裂”（Big Rip）。

宇宙会灰飞烟灭吗？

宇宙大撕裂真的会到来吗？“某种性质”指的究竟是什么呢？这里先为大家做一个简要介绍。

宇宙是携带着能量的空间（包含时间维度在内的四维时空），表示这种空间状态的方程式叫作状态方程式。例如空气就有空气的状态方程式，这些知识高中物理课上应该都讲过。

利用这个式子，我们可以求得一个参数，叫作状态参数，即 $\omega=p/\rho$，这里 p 为压力，ρ 为密度。

宇宙是在不断膨胀的，而暗能量能够加速其膨胀。若暗能量携带的压力为正，则会导致宇宙不断坍缩。但令人诧异的是，事实正好相反，暗能量所携带的压力为负，因此 ω 值也为负。

前面提到的宇宙大撕裂发生在 $\omega=-1.5$ 时，这时的暗能量有一个特别的名字——“幽灵能量”（Phantom Energy）。

当前，天文学家尝试用各种方法来计算 ω 值。现在可得的数值为 -1，也就是说宇宙大撕裂目前还不会发生。可暗能量究竟能保持现在的状态多久，谁也说不准，但这件事似乎又因为太过遥远而在当下显得无关紧要。无论如何，还是让我们祈祷宇宙未来一切安好吧。

解放银河系统

在写这本书的时候，我不禁想到了宫泽贤治的诗句。这是贤治从供职四年的花卷农学校辞职时为学生们写下的诗篇，出自《诗的笔记》附录中的《寄语诸位学生》。让我们一起来欣赏一下吧：

【片段六】

新时代的哥白尼啊

将这银河系统

从太过压抑的重力法则中

解救出来吧

这篇诗作中出现了“太过压抑的重力法则”这个表述。看来，宫泽贤治一直对身受引力束缚这件事深恶痛绝吧。“银河系统”一词，或许大家都没怎么听过，它指的就是银河系。

不过，宇宙大撕裂所导向的结局可不仅仅是将银河系从重力中解放出来，它会直接给万物带来原子级的毁灭。顺着贤治的这句诗说下去，岂止是银河系，就连原子系统都将在大撕裂下得到解放……所以说，万万不可小瞧这件事啊。

11-2 时间就是病毒

宇宙的未来是什么样子

我们居住在 138 亿岁高龄的宇宙之中。未来，宇宙将如何演化呢？本节主要为大家介绍一下关于宇宙的未来的设想。

目前，针对宇宙的未来大致有以下四种设想：

- 宇宙大冻结（Big Freeze）
- 宇宙大撕裂（Big Rip）
- 宇宙大坍缩（Big Crunch）
- 循环宇宙理论

下面简单为大家介绍一下这四个概念

宇宙大冻结：目前，宇宙在暗能量的推动下处于加速膨胀阶段，如果这样的膨胀持续下去，宇宙会越来越寒冷，最终温度将低至绝对零度（–273.15℃）。这就是宇宙大冻结。

宇宙大撕裂：当暗能量达到某种状态时，宇宙膨胀进程加剧，数百亿年后整个宇宙的膨胀速度将超过光速。到那时，宇宙就会在原子级别上被撕裂，直至整个毁灭。这是最坏的一种设想。

宇宙大坍缩：尽管目前宇宙在膨胀之中，但其中仍存在一些物质能够阻止这种膨胀。在这种情况下，宇宙将在引力作用下终止膨胀，并逆转为坍缩，所有空间和物质越来越聚集，最终形成一个点状区域，宇宙中的一切生命都将被摧毁。

循环宇宙理论：大坍缩后，宇宙将会变成什么样？或许会再来一次大爆炸，宇宙还有重新转向膨胀的可能性，也就是说宇宙将很有可能持续在“膨胀→收缩→膨胀→收缩”这种循环状态中。这就是循环宇宙模型。

我们仍然不知道暗能量究竟是什么，如果它始终保持当前的性质，那宇宙便只能无可避免地无尽膨胀下去，宇宙大冻结和大撕裂就很有可能发生。如果暗能量心血来潮发生点儿变化，变成了有质量的物质后，说不定会导向宇宙大坍缩和循环宇宙的结局。

既然每一种设想都存在这样或那样的不确定因素，接下来我们不如选定宇宙大冻结这个走向，来畅想宇宙的未来会是什么样子吧。

50 亿年后的宇宙

50 亿年后，在看似漫长、遥远的未来，有一件十分严重的事将要发生——在此期间，太阳将会死亡。

太阳等恒星的能量来源来自其内部的核聚变，氢原子核（质子）与氦原子核发生热核反应从而产生能量。但核聚变不

图 11–1　50 亿年后，太阳演化为红巨星并吞噬地球

来源：https://ja.wikipedia.org/wiki/太陽#/media/ファイル:Red_Giant_Earth.jpg。

会永远持续下去，氢原子核总有一天要枯竭，到那时，核反应就会终止。

与太阳质量相当的星体寿命在 100 亿年左右，现在太阳已经 46 亿岁了，这样的核反应还将持续约 50 亿年。太阳的外缘会不断扩张，本体变为一颗红巨星。届时水星和金星都会被太阳外层吞噬，地球也即将迎来这种命运（图 11-1）。太阳之死意味着地球之死。

银河系消失之日

50 亿年后，银河系也将走向终结。10-1 节提到，银河系与仙女座星系将在 40 亿年后发生第一次碰撞；50 亿年后，银

图 11-2　70 亿年后，夜空中再无银河

河系将不复存在；60 亿年后，两个星系将完全融为一体，成为一个巨型星系；70 亿年后，合并的痕迹也将几乎全部消失。那时眺望夜空，将只剩朦胧一片的光芒，再无其他（图 11–2）。

50 亿年后的世界距离我们还很遥远，但到那时宇宙中将再也找不到太阳、地球、银河这三个天体组合的踪迹。听上去是多么寂寥忧伤，但这就是既定的结局。

1000 亿年后的宇宙

接下来看看 1000 亿年后的宇宙吧。在大冻结的剧本里，宇宙膨胀将以极快的步调持续下去。如此，1000 亿年后将再无星系比邻而居，也就是出现上一节中提到的“红视”现象，这意味着星系相互远离的速度早已超过光速。

从居住在某一星系里的人的角度看来，除了自己的星系，他们将再也找不到宇宙中的其他星系。如果看不到附近的星系，就意味着无法获取有关整个宇宙的信息——毕竟宇宙正在膨胀这个事实也是我们通过观测许多临近星系而得知的。因此 1000 亿年后，人们将再也找不到宇宙正在膨胀的证据。

作为大爆炸宇宙理论的证据，宇宙微波背景辐射将会发生什么变化呢（详见专栏 2）？目前，可观测到的射电是 3K 微波背景辐射。然而 1000 亿年后宇宙不断膨胀，其波长将会增长到一个不得了的程度，温度也将逐渐接近绝对零度，宇宙微波背景辐射将不可能被观测到了。

假设1000亿年后，宇宙的星系中还有人类这样的智慧生命体存活，这些生命体还有可能勘破宇宙的真面目吗？毕竟再怎么眺望宇宙都看不见其他星系，也就无从意识到宇宙正在膨胀这回事，更何况连宇宙微波背景辐射这一宇宙大爆炸的证据都观测不到了。因此，在他们的认知中，宇宙大概会一直这样静默无声，一直延续至未来没有丝毫变化吧。说不定，不知道大爆炸宇宙论的他们还会大言不惭地说：我们是唯一的神。

也许，1000亿年后会有比人类更高等的智慧生命体出现，但即便如此，那时也会是一个无法准确理解宇宙的时代。我们应该感到庆幸，自己生在宇宙138亿岁这个时期，这时的我们不但能够追根溯源，了解宇宙的成因，还能对宇宙的未来展开如此多的假设和遐想。

100万亿年后的宇宙

100万亿年后，星系将失去其形态。目前，太阳还剩大约50亿年的寿命，比太阳质量更小的恒星由于内部核聚变效率更低还将持续发亮一段时间。但燃料总会耗尽的，数十万亿年后，所有恒星都将因燃烧殆尽而死去。

这意味着到那时，星系里的恒星将不再闪烁，但物质仍然存在，所以它们都会作为物质团块存在。但这样一来，它们还能被叫作“星系”吗？那将是一个遍寻宇宙也找不到星系的时代，也就是黑暗时代。那一天终将到来。

10^{34} 年后的宇宙

10^{34} 年后，原子将会消亡。如果当前人类所掌握的基本粒子大统一理论无误，那么氢原子核中的质子便会遭到破坏，这就是质子衰变现象。但衰变所需的时间太长了——10^{34} 年。

2002 年，小柴昌俊先生因创立“中微子天文学”的巨大成就而获得诺贝尔物理学奖。他的研究团队为了探测质子衰变，在神冈地区矿山的地下储罐内灌注了大量超纯水，成功建造了神冈宇宙射线检测装置。其后，神冈探测器发现了大麦哲伦云中超新星爆发时产生的中微子，这项偶然的发现为小柴先生带来了诺贝尔物理学奖。

地下储罐内灌注的超纯水中含有质子数量约为 10^{34} 个。尽管质子衰变需要 10^{34} 年，但如果观测 10^{34} 个质子，就有碰上 1 年衰变 1 个的可能性。这个实验的目的就在于此。神冈探测器升级后，成为如今的超级神冈探测器。遗憾的是，截至目前尚未观测到质子的衰变，就让我们继续期待吧。

如果宇宙中的原子消失，会导致什么后果呢？我们的身体由原子构成，地球、太阳也不例外。原子消失就意味着恒星、星系都会消失。

这样的宇宙中将不会存在生命体，也不会再有人去研究这样的宇宙。未来，宇宙中将只剩下宇宙自己。

10^{100} 年后的宇宙

最后，让我们以 10^{100} 年后的宇宙为本章收尾。暗能量如果保持现在的状态，宇宙将持续膨胀，而伴随着膨胀，宇宙的温度也会持续下降，并最终达到绝对零度——这一点我们已经知晓。

这在物理学界叫“热死亡”（热寂）。宇宙中，引力在创造星系等天体时发挥了重要作用，因此更有可能发生的是“引力热寂”，而为这个局面添砖加瓦的便是“超超大质量黑洞”。

不可思议的是，黑洞是会蒸发的——这是史蒂芬·霍金（1942—2018）提出的观点。如果存在质量为太阳的 1 万亿倍的“超超大质量黑洞”，它蒸发所需时间为 10^{102} 年。想不到吧，10^{100} 年后，它还活着呢！（具体讲解可参考拙作《宇宙为什么创造黑洞》，光文社新书，2019 年出版）

我们的宇宙会走上这条路吗？在暗能量的真相还未被揭开前，一切都不好说。但可以肯定的是，宇宙的未来绝不会是一条坦途。我们的职责就是准确地解析宇宙，并将找到的答案留传给下一代。我们应当感谢自己生在这个宇宙的黄金年代。

第十二章

追寻与未知的邂逅

12-1 他们都在哪里?

《天文学讲座》迎来了最后一章。本章中，想与大家聊一聊“外星人究竟是否存在”这个话题。尽管这可以说是非常不重要、不紧急的事，但确实一直吸引着大众的目光，当然我对此也很感兴趣。接下来，我们聊几个与外星人相关的话题吧。

外星人是否存在?

1982 年，斯皮尔伯格导演的电影《E.T. 外星人》上映，我也观看了这部当时风靡全日本的电影。Extra-Terrestrial Intelligenc 意为地外未知生命体。电影中出现了一个十分可爱的小外星人，曾经我也很想偶遇一次。

居住在宇宙中的地球人当然也可以叫作宇宙人，但是人们总会好奇其他行星是不是也有生命体的存在。如此庞大的宇宙当中如果只有人类而没有任何其他生命体，该是一件多么奇妙的事情啊!

在《E.T. 外星人》上映前，火星人就已经引起过热议。火星环境与地球较为相似，而且火星上还发现了水源等痕迹。早在 1898 年，英国著名科幻小说家 H.G. 威尔斯（1866—1946）就在其著作《世界大战》中塑造了形似章鱼的外星人形象。该作品风靡一时，孩童时代的我总能看到这本书。人们对火星人存在的猜想是因“火星上存在运河”这一说法而诞生的。意大利天文学家斯基帕雷利（1835—1910）在用口径22厘米的望远镜观测火星时发现了线状结构，并将其命名为“运河”。其后，美国学者帕西瓦尔·洛韦尔（1855—1916）又继续对火星运河进行深入研究，他自掏腰包建成的洛韦尔天文台一度被誉为“火星故乡”。

2004年，美国航空航天局（NASA）在执行火星探测项目“火星科学实验室”时，成功向火星发射漫游者火星探测器，并在火星表面探测到有机分子，但至今为止仍没有发现火星人的踪迹。

整个太阳系中很可能只有人类存在，若想探测生命活动，最便捷的方法还是探测太阳系中的行星或卫星。这是因为这些天体容易进行观测，更是因为我们可以派出探测器对它们进行更详细的考察。作为木星的卫星，木卫一和木卫二的表面尽管被冰层覆盖，但同时存在火山活动，或许其内部还存在海域。在那里，也许没有外星人，倒是有可能会出现几条外星鱼。

当前，“天体生物学”研究领域发展迅猛，尽管其从属于理工学及医学领域，但若是想要用实验论证各种生命诞生的理论，最佳的实操地点还是太阳系内的行星和卫星。

费米悖论

迄今为止，地球人还从未遇见过地外生命体。针对外星人的讨论众说纷纭，而一位著名的物理学家曾经这样说道：

> 宇宙已经诞生了很久很久（100 亿年以上），
> 宇宙中肯定存在着很多类地行星，
> 地球之外也一定存在着很多未知生命，
> 那么，他们为什么没有到地球来呢？

这就是意大利物理学家恩利克·费米（1901—1954）于 1950 年发表的“费米悖论”。

图 12–1　恩利克·费米

“费米悖论”一言以蔽之就是：“他们到底在哪里？”其实，这个问题已经预设了外星人真实存在的前提。从科学角度分析，宇宙中没有哪个星球是独一无二的，类地岩质行星数不胜数。所以，即便真的存在地外生命体，也没什么好大惊小怪的。

说起来，人类开始使用无线电波等电磁波观测宇宙的历史也不到 100 年（相比之下，人类从诞生之初就开始使用可见光来观测了）。

过去存在外星人吗？现在有外星人吗？将来会出现外星人吗？过去有外星人来过地球吗？现在地球上有外星人（也许只是因为我们没办法见到）吗？将来会有外星人来到地球吗？对于费米的发问，我们能给出一个明确的回答吗……

无论如何，我们都要放下先入为主的观念，潜下心来研究和调查。即使这是一个“不重要、不紧急”的问题，也只能通过实践来验证了。

第一个使者？

地球真的从未出现过天外访客吗？事实上，2017 年 10 月 19 日人们就发现过神秘天体，坐落在夏威夷毛伊岛的哈雷阿卡拉山上的夏威夷大学天文学研究所的泛星计划天文台曾经捕捉到它的踪迹。该天体的亮度大约为 20 等星，最初科学家们以为是彗星，然而后来它却忽然改变了运转速度，令人大跌眼镜。经调查其运行轨道发现，其实它是双曲线轨道运行的天体，且不受制于太阳系，只不过是一位不速之客罢了。

这位太阳系的不速之客长约 400 米，看起来像又细又长的宇宙飞船（图 12-2）。它那莫名其妙的加速运动一度让人们认为它是人造天体。若果真如此，这难道不正是人类与未知的相遇吗？于是，人们赋予它“奥陌陌”这个名字，夏威夷语意为“第一个使者”。

图 12–2　奥陌陌的影像

来源：https://solarsystem.nasa.gov/asteroids-comets-and-meteors/comets/oumuamua/in-depth/。

在最近的研究中，科学家否定了它是人造天体的假设，推断它原本是绕其他恒星运动的行星的一部分，在被恒星的引力摧毁后从恒星系中逃逸，因此才偶然闯入太阳系。

幸运的是，奥陌陌经过了距离地球 2400 千米的地方并最终离开了。但这并不代表未来地球就不会被这种不明天体追尾，因此我们万万不可掉以轻心。

12-2　地球是独一无二的吗？

10^{24} 个行星

如果存在有智慧的生命体，则这颗星星就是行星而非恒星了。宇宙中究竟有多少行星呢？我们来试着数一下，只不过这里说的“数”并非是用望远镜看着数。我们先来看看宇宙中有多少星系吧。

现如今，人们正进行着各种各样的星系调查，其中最深入宇宙的莫过于哈勃空间望远镜正在进行的哈勃极深场（Hubble eXtreme Deep Field，XDF）了，它成功将南天“天炉座”方向的小范围天空区域观测得彻彻底底（图 12-3 上）。其观测时期为 2002 年 6 月至 2012 年 3 月，近 10 年之久，总观测时长为 200 万秒，相当于 23 天。XDF 得到的画面如图 12-3 下方所示，其中包含了约 5500 个星系。

XDF 所观测的天空约为 2.3 分角 ×2.0 分角大小（图 12-3 下），1 分角为 1/60 度（°），所以它所观测的天空范围是 0.00128 平方度。

这片天域中约有 5500 个星系，我们假设从任何角度观测得到的结果都是如此吧。由于整片天空的大小是 40000 平方度，可以算出星系总数为：

$N_{星系}$=5500×40000 平方度 /0.00128 平方度 =1.72×10^{11} 个

XDF 无法观测到黯淡的星系，但我们知道在真正的宇宙中还有大量更黯淡的星系。因此，如果将这个要素也纳入考量，宇宙中星系的总数大概为 10^{12} 个，即约 1 万亿个。

宇宙里又有多少颗恒星呢？银河系中约有 2000 亿颗恒星，假设一个星系里有 1000 亿颗恒星，那么整个宇宙的恒星个数为：

$N_{恒星}$=1 万亿个（星系总数）×1000 亿（平均 1 个星系中包含的恒星个数）=10^{23} 颗

最后是行星。假设 1 颗恒星有 10 颗行星——太阳系中有 8 颗行星，所以这个假设还算合理——则整个宇宙中的行星个数就是恒星个数的 10 倍：

$N_{行星}$=10^{24} 颗

1 亿颗的一亿倍再一亿倍。地球只不过是这 10^{24} 分之一罢了。

从是否存在智慧生命体这个层面来说，还是存在一些限制条件的（这一点在后面将会详细说明，详见本书 238 页宜居带的介绍）。即便如此，如果整个宇宙中存在如此多的行星，那么像地球这样的行星一定也数不胜数。如果地球不是独一无二的，我们人类应当也不是。

图 12–3　XDF

上：位于天炉座方向上的 XDF。为与天空的广度做对比，图片右上放置了满月照片（肉眼可见大小为 0.5 度）。下：XDF 拍摄到的画面。图中发现了约 5500 个星系。

上：https://www.nasa.gov/images/content/690958main_p1237a1.jpg。

下：http://hubblesite.org/newscenter/archive/releases/2012/37/image/c/。[NASA, ESA, and Z. Levay (STScI)]

宇宙中没有独一无二之所

银河系中，或者说这个宇宙中存在超过 100 种元素（图 12–4），目前已知的就有 118 种。然而如图 12–4 所示，自然界里仅生成了其中的 94 种，其余都是人造的。曾有一段时期，人们认为自然界中存在的元素截至元素编号 92 号的铀为止，但其实 93 号的镎和 94 号的钚也微量存在于自然界当中。

不光银河系，宇宙里也并没有哪个地方是独一无二的，因为到处都充斥着各种各样的元素。

这些元素以原子、分子、离子的状态存在着，大部分都包含在尘埃（尘埃颗粒）中。尘埃中包含着各种东西，而其成分也不过是宇宙中本就有的元素，行星便以这些尘埃为原料诞生了。最终这些行星也都大同小异，也就是说宇宙中类似地球这样的岩质行星数不胜数。

我们必须牢记“宇宙中没有独一无二之所”这个概念。

数不尽的地球型行星

那么，我们有没有找到过其他恒星周围的行星（通常称之为系外行星，即太阳系外的行星）呢？

早在 1995 年，人们发现了第一颗系外行星。如今，我们已经找到数千颗这样的行星了。其中，既有与地球差不多大小

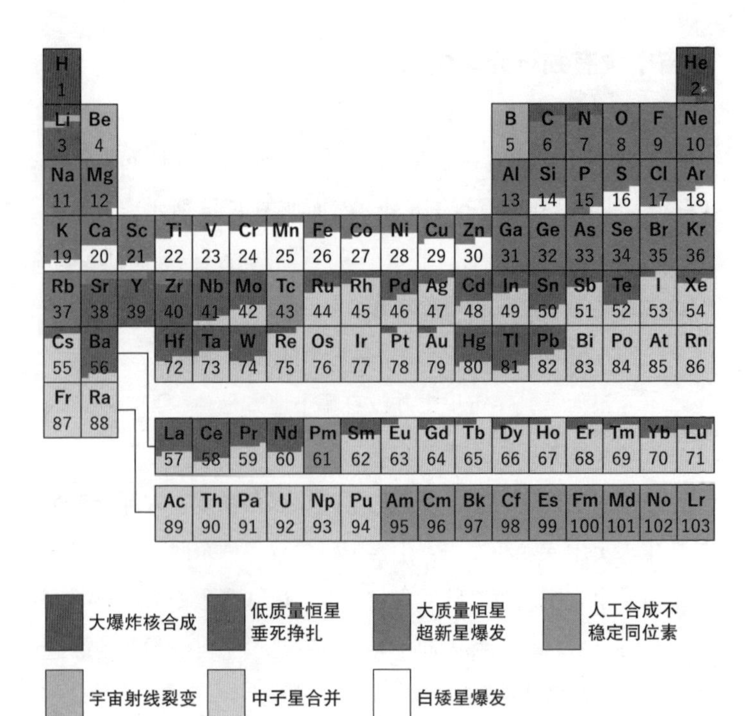

图 12-4　宇宙元素及主要成因

根据宇宙大爆炸理论，宇宙在形成之初的三分钟内处于一个高温高压的状态，非常适于元素的合成。这被称为大爆炸元素合成，最初氢（H）和氦（He）以 9:1 的比例出现，锂（Li)、铍（Be）也少量产生。如今宇宙中大部分锂、铍和硼（B）元素都是碳（C）元素等重元素被宇宙射线破坏后的产物。碳元素后面的重元素基本都是自恒星内部的核反应及超新星爆发产物而来。另外，金（Au）元素和铂（Pt）等稀有金属被认为是中子星双星合体时产生的。图中 95 号之后的元素都不存在于自然界中，为人造元素。前段时间大热的第 113 号鉨（Nh）元素也是人造元素之一。来源：https://en.wikipedia.org/wiki/Chemical_element#/media/File:Nucleosynthesis_ periodic_table.svg。

的行星，也有如木星般巨大的行星。只要去找，想要多少就能有多少。

截至目前所发现的系外行星的大小与轨道半径的关系如图 12–5 所示。为方便比较，图上标出了包含地球在内的太阳系众行星。事实上，由于观测受限，人们对于与太阳系行星差不多程度的系外行星的调查还不甚完善。

其中有一点非常重要，或许是囿于观测的限制，目前我们

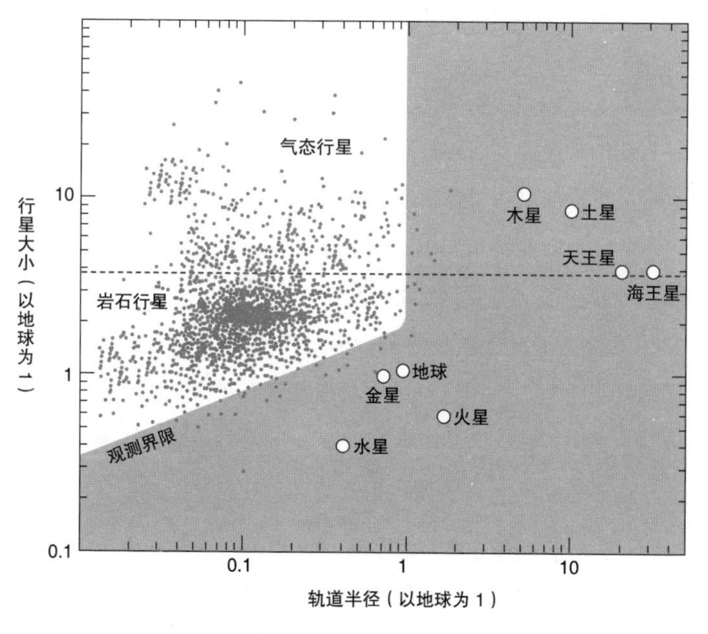

图 12–5　目前发现的系外行星的大小及轨道半径的关系

图中将地球的相关数值设为 1。（提供：井田茂）

所能找到的行星大多比地球大数倍，都是比地球大很多的岩质行星（地球型行星），所以它们又被称为超级地球。

正因为存在这么多的地球型行星，不存在地外生命体这件事就变得更加不可思议了。

宜居带

在不断被发现的系外行星上是否有智慧生命体呢?

太阳系行星中，存在生命体的也并不多。水星和金星因为离太阳太近而处于灼热的状态，生命根本无法生存。例如，水星表面的最高温度有 400℃，火星的平均温度在零下 60℃，而比木星更远的星系就是极寒的世界了。

总之，即便恒星周围遍布行星及其卫星，但要想使得生命体出现并存活就需要一定的条件。诚然，有些生物是可以在极端环境条件下维持生命活动，但这里我们强调的是像人类一样的高级生物。人类这样的生物所能居住的环境被称为“宜居带”[①]（图 12-6）。

这里总结一下宜居带的相关要点。首先，必须要有能量供给源，也就是说它需要:

① 关于宜居带，作者的定义并不准确。事实上，宜居带是指一颗恒星周围的一定距离范围，在这一范围中液态水可以长期稳定存在于行星表面。

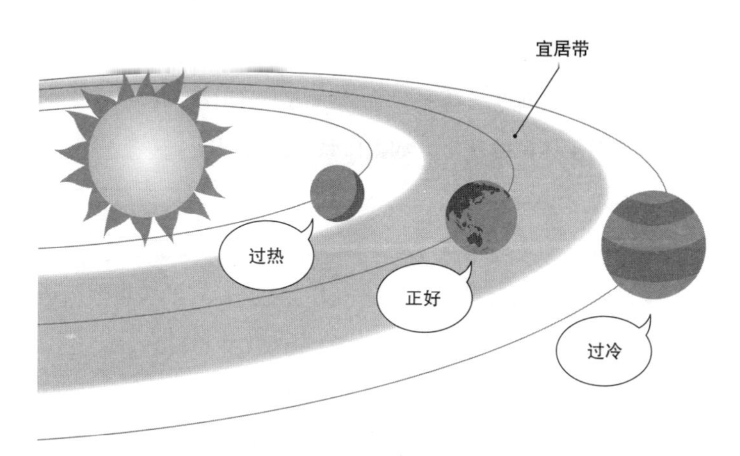

图 12-6　宜居带（图中灰色区域）

该图所展示的是能够从主星获得充足能量供给的区域。（NASA）

- 主星

主星要为生命的进化提供充足的时间。例如，太阳的寿命约为 100 亿岁（目前年龄 46 亿岁）。在智慧生命诞生前，需要主星为它们保驾护航相当长的时间，一颗短命的恒星可做不到。因此，即便大质量恒星的周围存在行星，能产生智慧生命的概率也很低。此外，这颗恒星的行星还需要满足以下条件：

- 有维持生命活动所必需的液态水（受制于主星的光度、与主星间距离、行星质量及化学构成等各要素）
- 有适量、适质的大气（地球周围的大气能保护人类远离

有害紫外线和 X 射线）

- 有磁场更理想（保护生命体远离宇宙射线和恒星吹来的等离子体风的侵害，如太阳系中的太阳风）
- 有维持稳定生命活动的区域，即陆地（板块构造形成的大陆、稳定的气候等等）
- 环绕主星的行星公转轨道在力学上是稳定的（近似圆形轨道，基本不会受到来自大行星的扰乱和影响）

看来，要想诞生智慧生命体，条件还真是苛刻啊。

星系生命宜居区域

刚刚所介绍的宜居条件是从主星和行星观点出发的，事实上，有假说指出，银河系（或星系）中的宜居环境是受限的，那片区域被称作“星系宜居带”（Galactic Habitable Zone）。该区域需满足如下条件：

- 与其他恒星相遇概率低（如与其他星体相遇，则恒星系内的小天体轨道会发生混乱，从而导致其撞向行星的概率提升）
- 周围发生超新星爆发的频率低（冲击波会导致大气异常等问题）

- 与巨型分子气体云相遇概率低（导致环境寒冷等问题）

此外，化学构成也会带来影响。我们的身体由各种元素组成，仅凭宇宙大爆炸时生成的氢元素和氦元素无法令高等生物出现，如果没有重元素（碳元素之后的重元素），我们就无法维持生命活动。因此，在星系诞生之时（宇宙 2 亿岁时），尽管星系是有了，但恒星内部生成的各种元素还未向星系散播，也就无法使智慧生命体出现。这意味着，如果银河系（星系）中没有恒星的生死循环，生命的诞生也就无从谈起。这就是将宇宙诞生所经过的时间与银河系（星系）中恒星生成史联系在一起的问题。

举个例子，我们居于 138 亿岁的宇宙之中，这或许并不是偶然，也许正是在这个时期，生命活动所需的重元素已经积攒到了一定程度，否则人类这样的智慧生命体是无法出现的。这种观点就是 1961 年美国物理学家罗伯特·迪克（1916—1997）所提出的“人择原理”。

银河系（星系）中，由于恒星生成率在距中心越近时就越高，因此距离中心越近，重元素就越多。而银河系（星系）外缘的重元素量少，则形成行星的材料即尘埃颗粒（固体物质）也就不足。从这个意义上说，在银盘中占据一个合适的位置也成了重要的宜居条件之一。

但不能说距离星系中心越近就越好。事实上，基本所有的星系中心都存在着大质量黑洞。气体和恒星掉落进黑洞中便会产生引力发电，出现强烈的电磁波和喷流（电离气体以极快速度喷出的现象）。这些很显然都会对生命体产生恶劣影响。

每个星系中都有宜居和不宜居的区域。我们所居住的太阳系距离银心约 2.6 万光年（图 3–7），银河系半径约为 5 万光年，也就是说我们正好处在半径的中段，既没有离核心部位过近，又不在重元素稀少的外缘，的的确确是一个适宜生存的好地方。

12–3 “不重要、不紧急”的地外未知生命体探测

与外星人的交流

已知智慧生命体必须存在于宜居带内，既然宇宙中有那么多的行星，我们是否可以推测智慧生命体也是大量存在的呢？1960 年，人类展开了关于地外智慧生命体的调查。

牵头人是美国天文学家弗兰克·德雷克（1930—2022），他用美国国家电波天文台口径 26 米的绿岸射电望远镜观测并锁定了两个目标，分别是与太阳的质量及硬度相当的“鲸鱼

座”τ星（距地球12光年）和比太阳质量稍小、稍暗的“波江座”ε星（距地球10.5光年）。

图 12-7　弗兰克·德雷克

德雷克选择的观测频率为1420MHz，这也是氢元素释放的波长21厘米射线的频率。如果宇宙中存在数量最多的元素是氢元素，相信不管什么样的外星人都会对其比较熟悉。

这个计划被称为“奥兹玛计划”，一直持续至20世纪70年代中期。在观测了数百颗恒星后，人们还是未能检测到来自外星人的信号。

搜寻地外文明用英文来表达是“Search Extra-Terrestrial Intelligence”，因此该计划也被缩写为“SETI”，包含以下两种：

- 被动型（Passive）SETI

  无线电波的接收（射电望远镜）

  大规模激光的接收（光学望远镜）

- 主动型（Active）SETI

  无线电波的发送（射电望远镜）

  先驱者的金属板等（图 12-8）（不明飞行物）

被动型指的是尝试接收来自对方的信息（无线电波和可见

光等电磁波）。这是一种德川家康式观点，即“杜鹃不鸣，则待其鸣”。而主动型则指的是我们主动向宇宙发送信息并尝试让外星人接收到。这是一种丰臣秀吉式观点，即“杜鹃不鸣，则使其鸣”。

此外，还有织田信长式观点，即“杜鹃不鸣，则杀之”。显然这种观点并不适用于与外星人沟通的场合，大家忽略即可。

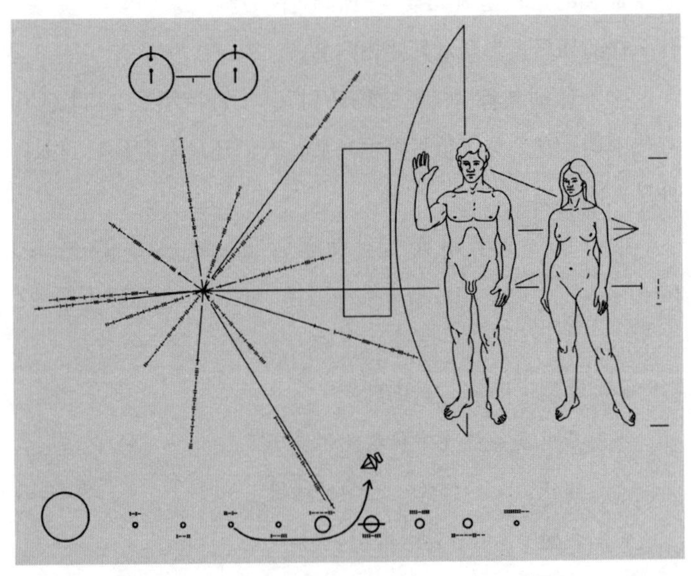

图 12–8　先驱者 10 号（1972 年）与先驱者 11 号（1973 年）上所搭载的地球人带给外星人的地球名片。

乌纳·雷伊塞宁（Mysid）完成了图中的向量化表示，卡尔·萨根、弗兰克·德里克设计，琳达·苏尔兹曼·萨根绘制。使用 CorelDRAW，在 NASA 的图像 GPN-2000-001623 的基础上制作。

与外星人取得联系的概率

先不谈能否成功与外星人会面，首先需要探讨的问题是：我们有多大可能性能够与外星人产生交流？宇宙太辽阔，所以让我们先把目标锁定在银河系内。基于此，前述的德雷克先生决定先试着计算一下银河系内能够与人类交流的地外文明总数，提出“德雷克方程”。这个方程的计算量并没有大家想象中那么庞大，只是几个参数的相乘。

我们先来简单了解一下德雷克方程。该方程中，设 N 为银河系内能够与人类交流的地外文明数量，整体如下：

$$N=R_{*}f_{\mathrm{p}}\,n_{e}\,f_{1}\,f_{\mathrm{i}}\,f_{\mathrm{c}}\,L$$

为求解 N，必须找出以下 7 个参数：

R_{*}：银河系形成恒星的平均速率

f_{p}：恒星有行星的比例

n_{e}：宜居行星数量 / 恒星

f_{1}：能够支持生命进化的宜居行星的比例

f_{i}：演化出高等智慧生命的概率 / 行星

f_{c}：能够进行通信的概率

L：科技文明寿命

实际上方程中的每个参数都存在不确定性，最后无法得出结果，因此在这里，我们尝试选取以下数值来求解：

R_*：银河系形成恒星的平均速率 =10 颗 / 年

f_p：恒星有行星的比例 =0.5

n_e：宜居行星数量 / 恒星 =2

f_l：能够支持生命进化的宜居行星的比例 =1

f_i：演化出高等智慧生命的概率 / 行星 =0.01

f_c：能够进行通信的概率 =0.01

L：科技文明寿命 =10000 年

据此可得，银河系内能与人类进行交流的地外文明总数为：

$$N=R_* f_p n_e f_l f_i f_c L=10$$

能有 10 个已经十分惊人了。不要忘了，这是在科技文明寿命设置为一万年的前提下得出的结果。如果对方只有一个人，可以通信的时长也就 100 年不到，这种情况下 N 值便会减少到只剩 0.1。此外，f_l=1 是假设每个行星上都有生命存在——这已经是很理想的情况了，而 f_i=0.01 呢？这代表着 100 种生物中能有 1 种是智慧生命体（外星人）。想想看，地球 46 亿年的漫长历史中，外星人（地球人）这个概念都只是近期的产物，f_i=0.01实在是过于理想化了。

总之，不必对德雷克方程中的每个参数吹毛求疵，说到底这只是个数字游戏罢了。但我们依旧不可否认这种指导思想的重要性，相信在未来，通过各种各样的观测和理论的发展，我们一定能向着更可靠的数值迈进。

找到生物标记！

如前所述，与外星人的交流相当困难。但随着系外行星探查逐渐深入，人们已经发现了数千个系外行星的踪迹，而且其中大多数是被归类为超级地球的岩质行星。这些行星中究竟有没有生命存在呢？即便无法交流，人们也希望能找出一些证据来证明它们是否存在。

为了找到这个答案，只能通过天文学观测方法来对系外行星进行考察，这就要提到本节的关键词“寻找生物标记”了。也就是说，我们要找到生命体存在的痕迹。

问题来了，到底什么算是生物标记呢？这里仍需与地球进行类比，由此得出以下几项标准：

- 拥有塑造生命能力的大气成分

  氧气（O_2）、甲烷

  这些是促成光合作用的成分。

臭氧（O_3）

如果有氧分子存在，高层大气就会被分解，再与氧分子进行重组分解，就会产生臭氧。这在地球的高层大气中也是一样的。

水（H_2O）

有氧就一定会有水。

- 拥有恒星的光照射至行星植被时产生的独特反射光

（被称为“红边”：不在可见光波段，是植被的反射率在近红外线波段接近与红光交界处快速变化的区域）

- 观察行星颜色

行星表面的海域、土地、植被及大气中的云层分布共同决定了行星的颜色。

此外，行星的自转也会产生周期性变化。

顺带一提，地球看上去是蓝色的（图 12–9）。

图 12–9 是应美国天文学家卡尔·萨根（1934—1996）要求拍摄的图像。萨根是这么描述这张照片的：“人类全部的历史都起源于这个黯淡蓝点，这里就是我们唯一的家园。”

图 12–9　NASA 的行星探测器旅行者 1 号所拍摄的地球

应美国天文学家卡尔・萨根要求拍摄的照片。他将地球描述为“Pale Blue Dot”（暗淡蓝点）。来源：https://ja.wikipedia.org/wiki/ ペイル・ブルー・ドット #/media/ ファイル：PaleBlueDot. jpg。

12-4　找寻外星人并非易事

如何与外星人相遇？

如何才能找到外星人呢？下面，我们来探讨一下这个问题。

这个问题主要存在两个难点：首先，找起来很困难；其次，无法自由地沟通。我们假设仙女座星系中存在仙女座星系人，并且其科技发展水平已经达到了与人类比肩的程度，即便如此，想要与他们产生接触和沟通还是很困难的。

假设，今天晚上仙女座星系人向银河系发射无线电波："喂——你好吗？"由于仙女座星系与银河系中间相距250万光年，我们收到这条消息时都已经过去250万年了。再假设，250万光年后，地球人真的接收到这则讯息并即刻做出回应："我很好，你呢？"这条回信送到仙女座星系人身边也需要250万年。一来一回，500万年就过去了。

就连距离银河系最近的仙女座星系都是这个情况，100亿光年外的许多星系想要和我们交流就得等200亿年了。宇宙中有1万亿个星系又如何，最终大家还是得各过各的。

虽然交流行不通，发出讯号却并不是不行，只不过还有一些限制条件，主要有以下两点：

- 某处的外星人朝向地球方向发出电磁波联络讯号
- 某处的外星人所在位置（距离）与消息到达时间完美配合，可确保彼时的地球人能收到消息

但以上这一切的前提都是宇宙中存在有智慧的外星人。这里所说的“智慧”不仅是其能作为生物存活，更代表其掌握了电磁波及电磁波的发射技术。“存在有智慧的外星人”现如今似乎已经成为大家都认可的观点，姑且称其为“智慧外星人存在公理”吧。

再来就是“时机问题”。例如，距离我们 1 亿光年的外星人在 50 亿年前曾发出一次联络讯号，那么我们应该能在 49 亿年前接收到这个消息，然而太阳系诞生都是在 46 亿年前，49 亿年前地球上还没有人类呢。因此，在地球人类尚未出现时发出的消息自然不能被任何地方接收到了。要想让我们在当下这个时代接收到来自地外的讯号，遥远的外星人就必须掌握好时机发出无线电波才行。

总结来看，在承认“智慧外星人存在公理”这个观点后，唯有克服发出讯号的“时机问题”，我们才能接收到来自外星人的消息。

如果是居住在银河系里的外星人又会是怎样？银河系直径 10 万光年，时机似乎不成大问题；但即便如此，要想交流也得花上数万年。看来，要想跟外星人说上话，没点耐心可不行啊！

突破摄星的旅途

“突破摄星”是英国理论物理学家史蒂芬·霍金发起的项目，主要内容是直接动身寻找外星人的踪迹。

该项目中用到了纳米小型太空飞船（图 12–10），这些小型飞行器将飞行至除太阳外距离地球最近的恒星“半人马座”α 星（距离地球 4.4 光年），高能激光将为探测器加速，其基本原理与帆船相同。

这种纳米小型飞船的一边装配了 1 米见方（即边长为 1 米的正方形的面积）、十分薄的光帆，地球会发射出激光照射至光帆，以此来保证这些纳米小型飞行器能以 20% 的光速飞行。飞行器以该速度前进的话，仅需 10 年便可到达“半人马座”α 星。

“半人马座”α 星“南门二”是一个三合星系统，主要由南门二 A、南门二 B 和比邻星组成，除此之外也有其他行星。借助这个项目，我们能够直接探测“南门二”的行星了。那里会是怎样的世界呢？也和我们这里一样有绿绿的草原和遍地的城镇吗？

图 12-10　突破摄星项目中用到的宇宙飞行器概念图

来源：https://en.wikipedia.org/wiki/Breakthrough_Starshot#/media/File:Solar_Sail_(14914129324).jpg。

向宫泽贤治学习

最后，本书想讲一讲我们能够向宫泽贤治学习的东西。贤治出生于岩手县花卷市，是一位著名童话作者及诗人。尽管他在世间仅仅停留了短暂的 37 年，但他的作品却广为流传，吸引了众多读者。贤治在科学方面造诣颇深，并且将科学知识运用在了作品当中，创作出了许多风格独特的童话故事和诗篇。这里想再次引用收录在《诗的笔记》附录《寄语诸位学生》中的片段六。一起来看诗中是怎么叙述的吧。

新时代的达尔文啊

乘上更加东方式静观的挑战者号

远航至银河系外

将透彻而正确的地史

和增订过的生物学展示给我们吧[①]

贤治用“新时代的达尔文”鼓励着我们。达尔文指的无疑是提出了进化论的英国自然科学家查尔斯·达尔文（1809—1882），同时，诗中提到的“乘上更加东方式静观的挑战者号”中的“挑战者号”指的是英国海军军舰挑战者号。1872 年至

---

①《[新]校本宫泽贤治全集》第四卷·本文篇（筑摩书房、1995 年），298—299 页。——原书注

图 12-11　航天飞机挑战者号

来源：http://spaceinfo.jaxa.jp/ja/shuttle_challenger.html。

1876 年，挑战者号考察船进行环球海洋考察，为海洋学发展做出了极大贡献。在贤治生活的年代，这艘船可以说威名远播。当然在我们这个年代，一提起挑战者号，脑海中浮现的则是美国 NASA 的航天飞机挑战者号（图 12–11）。

从这段诗歌当中，我们品出了一种意味：贤治希望我们能够作为新时代的达尔文，借助“突破摄星计划”去观测遥远的行星。其实这正是他本人强烈的意志，希望可以乘宇宙飞船去往太空，不找到什么不罢休。或许，如果贤治现在还活着，还会挑战新的 SETI 地外文明搜寻计划呢。

这就不能说是因为“不重要、不紧急”而需要避免的外出了吧，毕竟探索宇宙的“不重要、不紧急”之旅不会妨碍到任何人。未来还需全人类在这个领域一起努力啊！

专栏1　宇宙成分表

我们能从最近的相关研究中了解到自己所居住的宇宙是何等奇妙。宇宙中有什么？图 C–1 展示了宇宙的成分。

- 我们所了解的由元素构成的物质：5%
- 暗物质：26.5%
- 暗能量：68.5%

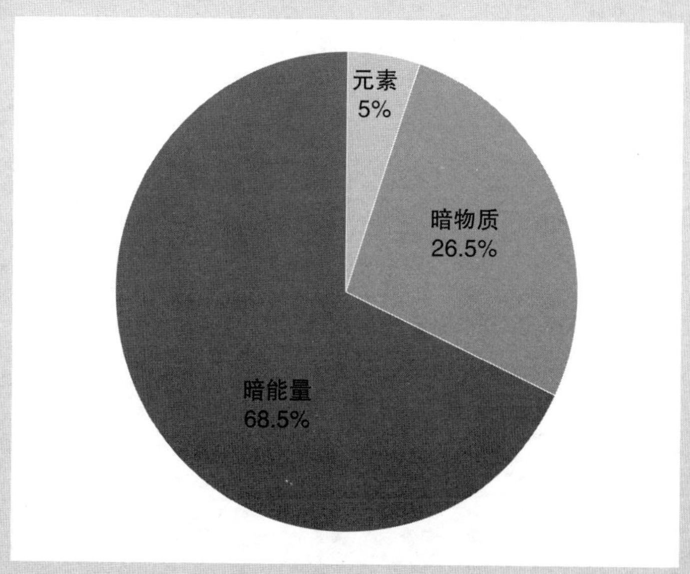

图 C–1　宇宙成分

宇宙构成成分的比例如图 C-1 所示。原来，暗物质与暗能量才是构成宇宙的主要角色，这些身份不明的物质占比高达95%——这就是我们所在的神奇宇宙。

这里的“暗”指的并不是“黑暗”，而是“未知”。

最近 30 年，人们才逐步搞清楚宇宙的成分并得以制作出这样一个图表，这全得益于人类宇宙观测技术的逐步发展。我们对宇宙的研究更像是在螺旋上升，通过新观测能够解开此前不甚明朗的谜题，但同时又能发现比之前这些问题更奇妙、更不可思议的谜团。不用怀疑，这就是我们目前正在进行的宇宙相关研究。

专栏 2　宇宙的历史

这里为大家总结一下宇宙诞生与演进的时间线（图 C-2）。

1. 宇宙是从一片“虚无”中诞生的——这是 138 亿年前的事了。从常识上来说“虚无”能够孕育万物，这里所说的“虚无”是微观世界上的概念。微观世界中所有的物理量，如位置、速度、时间和能量等，都在振动。“虚无”本身也在振动，粒子和与其呈相反性质的粒子从而诞生、消亡。由此，在一定条件下，振动的“虚无”中诞生出宇宙。当然这个结论并不能通过观测来验证，因此现阶段这只是作为“有可能的宇宙

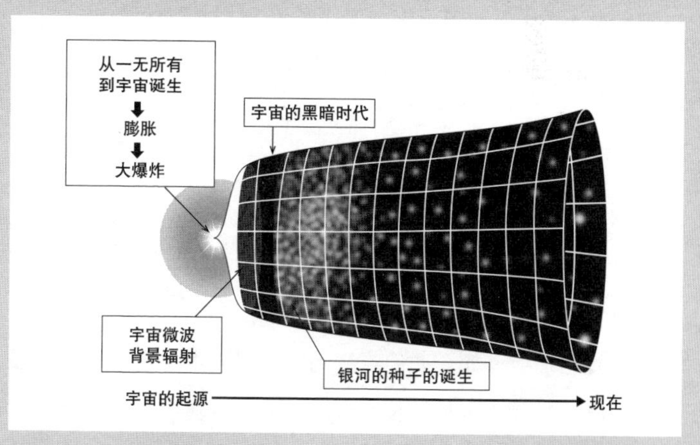

图 C-2　宇宙的诞生与演进

起源理论”而存在。

2. 宇宙出现伴随着能量因而得以急剧膨胀，而温度也逐渐下降，宇宙的整体状态在变化中不断演进，这种变化被称作相变。相变引发了宇宙的指数级膨胀，这一过程被称为“暴胀”。这个现象在宇宙诞生约 10^{-36} 秒后开始发生，在约 10^{-34} 秒后停止，这短短一瞬间宇宙就膨胀了 10^{43} 倍。

3.“暴胀”瞬间停止并留下热能量（潜热），其后这些热能量又接着引发宇宙膨胀（也就是所谓的宇宙大爆炸现象）。

4. 宇宙诞生后用了 3 分钟的时间来进行元素合成，最初出现的是氢元素（质子）与氦元素（氦原子核）。这时氢元素质子与氦原子核的比例是 9∶1，因此宇宙中的元素大部分都是氢元素。

5. 38 万年后，电解后的等离子宇宙终结，宇宙呈现中性化。这时的宇宙中，电磁波不再受等离子体散射，逐渐可以在宇宙中自由传播。这时宇宙的温度为 3000K（K 即“开尔文”，为热力学温标，以绝对零度作为计算起点，即 –237.15℃ =0K），充斥着热辐射。如今人们观测到的热辐射正在受宇宙膨胀影响而波长增长。波长越长，电磁波的颜色就会越红，因此这个现象被称为“红移”。

当前的宇宙与它 38 亿岁时相比扩张了约 1000 倍，因此观测到的热辐射波长也增长了 1000 倍。如此，电磁波的能量及温度也下降到了从前的千分之一。目前观测到的热辐射温度只余 3K。3K 换算为摄氏度只有零下 270 摄氏度。热辐射的峰值是在一个叫作微波的电磁波波长带上观测到的，这就是温度 3K 的宇宙微波背景辐射的真身了。这种热辐射的存在是大爆炸的观测性证据。在过去，人们晚上看完电视后，会听到电视机传来一种杂音，这种杂音中有 10% 是宇宙微波背景辐射。人们若听到过这种杂音，就意味着他们听到过大爆炸的证据所发出的声音。是不是很神奇？

6. 受暗物质的引力引导，重子物质会逐渐聚在一起。宇宙诞生后 1 亿年到数亿年（平均约为 2 亿年）间，第一颗恒星开始出现。在那之前，没有任何恒星的宇宙是纯粹的黑暗。因此，宇宙诞生后的 2 亿年被称为宇宙黑暗时代。

7. 包含重子物质在内的暗物质块（暗物质晕）在不断合并的过程中逐渐壮大，慢慢地星系也开始产生。

8. 时间来到现在。宇宙已走过 138 亿年光阴，有着万千美丽星系做点缀，我们所居住的银河系正是其中生生不息的一员。

专栏 3　星系的历史

被暗物质晕的引力俘获的气体孕育出恒星，恒星越来越多最终形成星系。最初，它只是质量很小、规模也很小的团块（直径数千光年、质量为太阳的 100 万倍左右），其后不断与身边同样规格的星系合并，发展壮大。

这是因为在宇宙中，只有“引力”在构建星系这样的天体。星系唯有合并方能不断成长，除此之外别无他法。

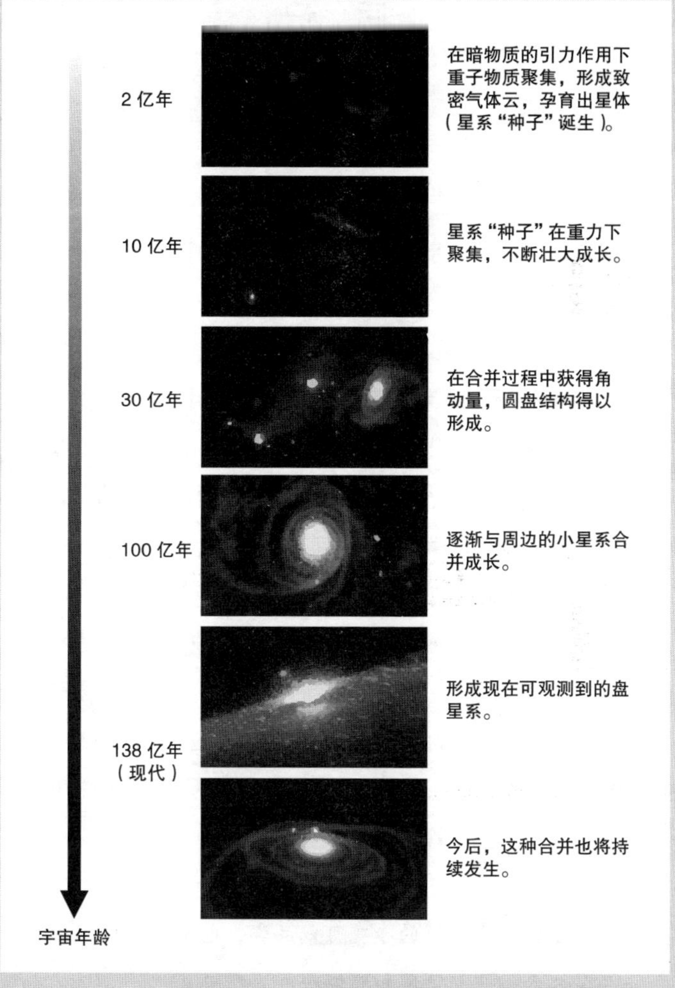

图C-3 星系的历史

（日本国立天文台，4D2U）

后　记

本书以“不要不急”（不重要、不紧急）为关键词，以星系为主角，讲述了关于宇宙的方方面面。眺望着满载星辰、威容稳重的银河，不知各位都有着怎样的思索呢？

最后，本书还提及了与外星人相关的问题，并再次邀请宫泽贤治先生登场。贤治的童话代表作《银河铁道之夜》是一部非常不可思议的文学作品，即便从现代天文学角度来看都有许多可以品评之处。本人的拙作《天文学者读宫泽贤治〈银河铁道之夜〉和宇宙之旅》（光文社新书，2020 年出版）中总结了从现代天文学角度对这部作品的解析。在准备《天文学者读宫泽贤治〈银河铁道之夜〉和宇宙之旅》一书期间，我也拜读了贤治先生的其他作品，深感“贤治先生真是一位不可思议的人物”。他究竟是以怎样的生活方式度过了自己短短的 37 年人生呢？对这个问题实在好奇的我，最终在《规矩繁多的料理店》的序中找到了可能的答案。

即便没有足够的冰糖可以品尝，也不妨碍我们去品尝沁人心脾的清风和珊瑚粉色的朝阳。

田野间，森林里，我常常得见破烂不堪的衣衫，我用它们取代了那些以天鹅绒和呢绒织就、缀满珠宝的华服。

我喜欢这些美妙的食物和衣服。

我笔下的这些篇章，都是林间、原野上和铁轨旁的彩虹和月光送给我的礼物。

在湛蓝的夜晚独自穿行在柏木林，在十一月的山间，微颤着感受山风的吹拂……我总是会陷入这种感觉。既然这种感觉已经来袭，我便只好将它们如实记录下来。

因此，在我写下的东西里，既有专门写给诸位读者的故事，也有看上去不过如此的片段，对这两类文字的分类标准，我本人也不甚清晰。或许诸位将读到一些莫名其妙的地方，而对于这些，我能解释的也有限。

但即便如此，我仍然衷心地希望这些小故事能最终成为您心中那股甜美又清新的风。

宫泽贤治

大正十二年十二月二十日[①]

用贤治的话来说，他所书写的故事其实都是“林间、原野

---

①《[新]校本宫泽贤治全集》第十二卷·本文篇（筑摩书房、1995年），《规矩繁多的料理店序》7页。——原书注

上和铁轨旁的彩虹和月光”送给他的礼物。

贤治只是与他身边存在着的一切产生共感，并将得到的感知记录下来而已。贤治的作品，正是一部又一部记载着自己与周围所处环境产生的感应的书卷。

贤治很喜欢夜晚在山间漫步，是因为有什么重要的事才出门吗？或者说，是有什么急事亟待解决所以才出门吗？大概都不是，只是因为喜欢——仅此而已。对贤治来说，夜晚的山间漫步就是“不重要、不紧急”的外出。

正如本书第一章所述，贤治在读中学时就开始对宇宙产生了浓厚兴趣，贤治的弟弟宫泽清六在《兄长的旅行箱》一文中亦提及，兄长曾对他说：

> 我们其实每天都乘着地球这个交通工具在宇宙中旅行呢。（筑摩文库，1991 年，21—22 页）

完全看不出这是一百多年前的中学生会说出来的话，而这种感觉也延续至贤治的著名作品《银河铁道之夜》中。爬上屋顶观察星空，这同样是一件“不重要、不紧急”之事，贤治所创造的成就不正是“集一切无用化为大用”的结果吗？

如今，人类社会突遭新冠肺炎疫情，在这样的时代背景下，对于可能造成疫情传播的行为必须小心再小心、谨慎再谨慎。可即便到处都在呼吁减少那些可能造成疫情传播的“不重要、不紧急的外出”，我们也不可能抹杀眺望夜空、漫步山野等与大自然深度交流的重要性。愿我们都能向星系学习它的不疾不徐，向贤治学习他的化无用为大用，享受未来人生的每一刻。

谷口义明

致　谢

感谢日本国立天文台·天文信息中心宣传室长县秀彦将本书推介给 PHP 编辑集团书籍编辑部，在此，向县老师致以深深的谢意。

此外，向为本书提供珍贵照片和数据的本间希树（日本国立天文台·水泽 VLBI 观测站长）、立松健一（日本国立天文台·野边山宇宙电波观测站长）、梅本智文（野边山宇宙电波观测站 FUGIN 项目负责人）、宫崎聪（日本国立天文台·昴星团望远镜 Hyper Suprime-Cam 项目负责人）以及吉田直纪（东京大学）深表感谢。

感谢为本书提供美丽星空照片的畑英利与大西浩次。

感谢多所天文台及研究所允许我使用他们摄得的绝美宇宙图像。

感谢 PHP 编辑集团书籍编辑部的见目胜美对本书从构思到出版整个过程中提供的宝贵建议和帮助，请允许我在这里再次致以诚挚的谢意。

作者介绍

谷口义明

（たにぐち よしあき）

谷口义明，理学博士、天文学者、日本放送大学教授。

1954 年出生于北海道名寄市。幼时迁至旭川市居住，童年记忆自迁往旭川后开始。北海道立旭川东高等学校毕业，东北大学理学部天文及地球物理学科第一名毕业。1988 年在东京木增天文台工作期间，发现了出现在室女座星系 NGC 4772 中的 II 型超新星 SN 1988E。

专业为星系天文学、观测宇宙学。

著有《银河系消失之日》（日本评论社）、《仙女座星系的旋涡》（丸善出版）、《终于现身的黑洞：地球大小的望远镜捕捉到的谜团》（丸善出版）、《宇宙为什么创造黑洞》（光文社新书）、《天文学者读宫泽贤治〈银河铁道之夜〉和宇宙之旅》（光文社新书）等多部作品。